Dorothea Assig & Dorothee Echter

Eines Tages werden sie sehen, wie gut ich bin!

有一天你們會看到我有多麼行

破解九大職涯迷思，變身職場紅人

朵洛堤雅·阿席希 & 多蘿娣·埃希特——著
黃慧珍——譯

目錄

這本書對你有什麼幫助

有很多方法能過上幸福、圓滿的人生，而在工作上有所成就正是其中一種。可以在工作上施展抱負的人，往往就會覺得自己很幸福。可惜不是所有人都能為自己尋得這樣的施展空間。「到底有什麼障礙橫在我和我的職涯發展之間？」我們要在書中探討這個問題，並拆解那些阻礙你發展的職涯迷思。「反正大家都知道」，那些「事業狂」就是踩過無數屍體、諂上抑下的人罷了。而迷思具有普遍適用原則，既然都聽過、讀過無數次了，應該就是對的吧！職涯迷思能讓人卸下壓力，也會讓人不把自己的抱負當一回事，不用再為此努力。然而，職涯發展無論是在企業內部或是獨立創業，都是在一個除了專業以外，又講究階級構造的體制中，看你是否能被別人看見、與哪些人走得近。就算是獨立創業，也有選擇的過程。績效只是基本，在其基礎上，還必須有其他能讓職涯順利發展的關鍵能力。為此，必須捨棄一定會怎樣發展的觀念。對許多人來說，認知到光是有績效是不夠的並不容易。但是，缺乏這樣的認知，卻可能造成極大的阻礙。「為何他的事業一帆風順，即便我的績效表現更好？哼！在這樣的體制下，我才不想同流合污呢！」

當事情變得難以理解，迷思就有了給出解釋的力量：為何被升職的是他，而不是我？為何他如此成功，而我卻困在工作之中？迷思都能為這些事情提出合理又直觀的說法。因此，職涯迷思會阻礙你的職涯發展，它們淺顯易懂、容易讓人誤以為符合邏輯。此外，我們還會不斷聽到關於這些職涯迷思的事例，而且每個例子都會被視為真實事件的證據。如果每天接收以下資訊，內容不外乎主管都是自戀狂，或是反正公司的手段都很卑鄙下流，並且還盲目相信，這樣的人就不需要任何策略，因為對這些人來說，職場的發展都是隨機、不可控的。在網路上那些探討職涯發展文章下方的評論欄裡就充斥了這類看法，不斷訴說著千篇一律會帶來各種自我傷害的職涯迷思。作為《明鏡線上誌》（*Spiegel.de*）的撰稿人，我們曾經寫過一篇文章探討這種現象，而那篇文章的點閱率高達兩萬三千多次。[1]我們當時就知道：一定要寫一本書來探討這些常見的職涯迷思，如何在公司行號、藝術、政治、行政、科學、媒體等各領域造成阻

1 https://www.spiegel.de/karriere/die-neun-gefaehrlichsten-karrieremythen-tipps-von-den-karrierecoaches-a-0be189aa-9505-47ab-abf9-db4fd83468b8（原文發表於二〇二一年二月十五日，網址取自二〇二二年六月二十五日）

礙。有些阻礙可能直接發生在職涯發展的初始階段，有些則是發生的時機晚了一點。這些情況對於獨立創業者或是受雇人員都適用。

我們要點出在研討會和講座中如何為職場加分：不僅為個人和企業提供顧問諮詢服務，也寫書、寫文章、寫評論和網文，並從各個角度鉅細靡遺地解析職場的深層結構。在本書中，我們將所知去蕪存菁，期許以職涯策略擺脫各種迷思。

職涯迷思會阻礙職涯發展。到底該如何讓你的職場策略看起來既合理又可行呢？即便是最佳的職涯策略也不僅僅是為了讓人閱讀，而是為了能讓人實際運用才存在。雖然買一本書、擺上書架，偶爾抬眼瞄一下架上的書，就足以為心態注入些許動力。但如果你想獲得更多，展書閱讀是不錯的選擇。如此一來，你就會了解這些職涯策略的意義、對應到職場上的情境和作用。如果還想獲益更多，那麼你就可以決定，何者為要，以及採取怎樣的行動。

因此我們寫了這本書，讓你對於自己的理想、對你的阻力，以及你可以採取哪些職涯策略都能有所了解。每個章節各自獨立，哪個章節吸引你、哪些迷思讓你深信不疑？那就翻開那個章節來讀吧！倘若你能從中找到動力，鼓勵你有所改變：就從那個章節讀起！你將會訝異地發現，有那麼多職涯發展障礙竟然不翼而飛了。我們在書中提供的策略就像一個環環相扣的裝置，牽一髮而動全身。

不僅如此：除了迷思之外，有些先入為主的觀念也會造成職涯發展的障礙。有些人會因為年紀、性別、出身、膚色、疾病、懷孕，或是性向，在公司內部受到歧視和排擠，而受到霸凌的事實並非職涯迷思。對於因為偏見受到傷害的人來說，光是進入公司的門檻就是很難克服的任務了。如今，有許多公司日益重視這種不公平的情況，也有越來越多人挺身而出，反對種族主義、恐同、性別歧視和排擠身心障礙者等現象。這些都是與每個人切身相關的社會議題。

要跨越這些障礙，還需要這些心存偏見的個別人士身上出現奇蹟。而這就是我們寫下本書的動力：不要輕易洩氣，而是在一次次他人的幫助下，積極主動地打造歸屬感。我們在本書，還有前作《抱負》（*Ambition*）中所探討的內容，尤其適用於那些心存偏見的人。[2]

一個人為何沒有得到夢寐以求的職位，甚至不曾被納入候選名單中的理由有千百種。然而，這樣的理由可以是，卻不一定非是職涯迷思不可。人事方面的擇選放諸各

2 Assig, Dorothea & Echter, Dorothee: Ambition. Wie große Karrieren gelingen, 2. Auflage, Campus, Frankfurt am Main, 2019

地都是極其複雜的事，而且，即便有白紙黑字系統式的詳細紀錄，人事的晉用標準也不見得透明。選拔的過程看似客觀，但實情並非如此。

在事業發展的每個階段，你都會遇到職涯迷思。只是，在事業運勢正好往上的好時機，相對於事業發展陷入危機或停滯期，面臨的是不同的職涯迷思。比如，一個剛從統計學系畢業的大學生，隨即意識到他目前要在以一般保險公司為服務對象的再保險公司內謀得職位的機會渺茫。這時就會馬上出現「再多一個培訓歷練總是有益無害」這樣的迷思。之所以會相信，是因為接受培訓對於剛畢業的他是一件很熟悉的事。同時也意味著，他還不用馬上面對求職可能遇到的各種難題。但是，求職可能面對的各種難題正好是他現在非學不可的。因為再過幾年，拿到博士學位後，面臨的是：情況並未好轉，那些原本想要求取的職位，已經被更年輕的統計系大學畢業生佔走了。

你是否認為「在職場走跳很難，裡面都是一些自戀又自私的人」，還覺得「我一定要學會反其道而行」？有了這樣的心態，你的事業就不會有揚帆啟程的一天，只會沉淪在這個世界的某個茶水間裡。這樣的人日復一日窩在那裡嚼舌根，說主管什麼都不會、抱怨處置不公平，縱有晉升的機會也會溜走了。將時間和精力消耗在這前面提到的這些事物的人，在別人眼中不會有成功的希望，反而會被視為失敗和無能。

在企業內部的職涯發展（或甚至發展任何事業），都是在一個由許多人為了達到共同目標而投入其中的體制中進行。其他人會感受到你的存在、討論你，包含支持或反對你。要想得到有影響力的人的青睞或願意提拔，就必須靠你的努力，但也無須卑躬屈膝。有效的策略反而就是你要有出色、獨特的想法，或是願意發揮你的奮戰精神。唯有對方帶著善意，才會願意聽或接受那些會帶來改變的想法。所以，你必須要為你自己和你的想法做宣傳。

也許，你也贊同「最終還是因為績效好」這樣的看法？這樣的迷思造成某些人即便業績很好，還是不會被看到，但眾人認為能力不足的同事卻平步青雲。是這個同事採取了什麼不同的做法嗎？可能是因為他不迷信績效迷思。許多人拒絕這樣的職涯體制，還因此引以為傲。這樣的人既不「趨炎附勢」，也不願融入群體中，卻又渴望獲得肯定和好口碑。想想，如果只會說自己上級主管的壞話，怎麼可能還會有這些好事發生呢？

之所以會有職涯迷思的原因：因為職涯迷思可以減輕個人應承擔的責任。而我們的目的就是將這份責任交還到你手上。覺得自己的表現得到的肯定與所付出的專業能力不相符的人，都該好好讀讀這本書，說不定這些職涯障礙都是自己造成的！

沒有升官加薪、沒有工作機會、沒人願意當你的推薦人……這樣的人會在本書中學到面對迷思時，不要急著對號入座，而是思考如何施展自己的職涯抱負。

職涯發展意味著禁得起改變，類似搬家或某種改變，只是在意義上承擔更大的責任。最初的熱情可能在受到阻力時急轉直下，一瞬間毀了所有的希望。幸好，職涯迷思也為此而存在，它可以修復原有的安全感，減輕改變帶來的壓力。讀者會在本書中讀到這個過程如何發生，以及你該如何因應以度過這些衝擊。

九個職涯發展迷思
VS
九種成功策略

第一個迷思：

上面那些人都是唯我獨尊的自戀狂

這個迷思要說的是：

「我和上面那些人不會有任何交集，而且我也不要變成像他們那樣的人。」

上面那些人不都是無情的心理變態，甚至是罪犯嗎？對此，許多人都會表示同意：「沒錯！商界高層主管都是一些沒有能力、渴望權力，既貪婪又自命不凡的人。」一成不變的封面故事，或是探討貪欲，或描寫高階主管失敗的書籍不斷助長這樣的觀點。從二十世紀九〇年代一本題為《無能的經理》（*Nieten in Nadelstreifen*）的書[3]，到《時代週報》（*Die Zeit*）的一篇文章中提到，職場是「一群怪人的黃金城」

3 Ogger, Günther: Nieten in Nadelstreifen: Deutschlands Manager im Zwielicht, Droemersche Verlagsanstalt, München, 1995

（ein Eldorado für Sonderlinge）[4]。或像是《我在瘋人院工作》（*Ich arbeite in einem Irrenhaus*）[5]這本書，到《明鏡線上誌》在提到曾經創下輝煌戰績的微軟公司（Microsoft）前執行長史蒂芬・巴爾默（Steve Ballmer）退出微軟的一篇文章中評論道：「……科技業最後一個偉大的瘋子正要離開崗位。」[6]《亮點線上》（*Stern.de*）也有過一篇文章寫到：「失敗者：被高估的高階經理人和不聽建言的自大狂。」[7]有精神疾病的人就在我們之中，「……這樣的人就直接站在權力的開關閥門前」[8]，或正在走向權力開關閥門的路上，並稱「一個自戀世代正在茁壯成長」[9]，這句話引用來源是一篇題為《年輕公牛來啦！》（*Die Jungbullen kommen*）的研究報告。這篇論文一次次在商業媒體上冠上新的標題重新被擺上檯面——並且一次次得到確認。

4 Bund, Kerstin & Rohwetter, Marcus: »Wahnsinns-Typen«, DIE ZEIT, Nr. 34, 2013
5 Wehrle, Martin: Ich arbeite in einem Irrenhaus: Vom ganz normalen Büroalltag, Ullstein, Berlin, 2019
6 Pitzke Marc: »Der Berserker geht von Bord«, SPIEGEL ONLINE, 2013.08.23
7 Rosenkranz, Jan: »Die Versager: von überschätzten Top-Managern und beratungsresistenten Egomanen«, STERN, 2019.04.20
8 Ronson, Jon: Die Psychopathen sind unter uns: Eine Reise zu den Schaltstellen der Macht, Tropen, Berlin, 2012
9 Burger, Reiner: »Es wächst eine Generation von Narzissten heran«, Frankfurter Allgemeine online, 2022.04.06. Frankfurter Allgemeine online zitiert hier aus der Studie »Die Jungbullen kommen«.

你不需要偉大，但需要強大的自我

自戀很容易得證，因為每個人都有自戀的那一部分性格——胸懷抱負、年輕、奮發圖強的人這方面的性格又比其他人多一些。人在每個事業的起步階段都需要強大的自我。那麼，什麼是自我呢？那是為自己的價值觀、相關事務和利益，創造主導地位的純粹的能量、自信、唯我獨尊的意識、欲望和衝動。想為世界做出偉大的貢獻、要找到自己人生的意義、想要撐過充滿不確定性的時機或是面對險阻時，都需要自我。這些時候自我會為了實現抱負而存在，成為施展抱負的效力，進而服務他人，也會看到他人的偉大之處，並不斷學習。

每個大公司裡面都會有自戀型人格、不好相處，甚至是違法亂紀的人。同時，也會有熱心、願意關懷他人、有奉獻精神的人，還有真正具有領導才能的人。批判的眼光針對的是個別的負面例子。從這些個例中推衍出整個高層組織，只因為這些實力堅強、才幹卓絕的高層主管讓人找不出任何缺失。然而，這些正直、優秀主管中沉默的大多數不會在社群媒體上展示自己，而是日復一日將心力投注在企業的成長、整頓、數位化，以及客戶和員工身上。他們盡心盡責、低調、不起眼。

全都瘋了？

貪婪的自大狂——那些遭到抹黑的人甚至也拿這個說法來自我解嘲。一如新聞工作者達格瑪・戴柯斯坦（Dagmar Deckstein）在她的著作《好極了！經理人的奇妙世界》（*Klasse!: Die wundersame Welt der Manager*）[10]中，記錄下一些經理人在她的祕密訪談裡面，如何清算他們「失敗的同僚」時的用詞。聽起來大致是：「往往沒有任何自省能力的蛛絲馬跡。他們只是看在錢的面子上表現得謙恭有禮，實際上他們難免覺得自己最偉大。」、「充其量不過盡是自我恭維罷了。」或是：「因為這種種因素（作者補充：奴才心態），企業主管的這種高估自己和自我誇大的傾向，在事業發展過程持續推進中不斷得到強化。」[11]

培訓師也加入這場抨擊高階主管的行列，在提到自己的學員時都語帶貶意。在採訪過程中，這些培訓師對著面露驚訝的觀眾憤慨地表示，他們必須指導銀行的董事會成員如何表現出謙遜的姿態，只是因為這些高層人員如果沒有這樣做，就會表現出太

10 Deckstein, Dagmar: *Klasse! Die wundersame Welt der Manager*, Murmann Verlag, Hamburg, 2009

11 同上。

過貪婪和「情感表達障礙」的那一面。這些描述每每挑起讀者一些自身早已塵封的記憶。難道掀起全球金融危機的巨浪、把世界推進無底深淵的不正是那些銀行的掌舵手嗎?難道人們都看不到那些愛發號司令的人殘暴的野心嗎?在一些領導高層的會議上或甚至在耶誕晚會中,他們的能力不足會受到受邀與會的講者厲聲抨擊,或有時會安排一場看似有趣的企業內部戲碼,只為了揭發這些能力不足的管理高層的缺失。

事實上,確實有壞老闆,也確實有爛企業提供糟糕、羞辱人的工作環境。他們的不法行為將會被公諸於世,因為他們欺騙、欺詐、羞辱人,而那些受害者總有一天會出手反擊。雖然往往是在事發多年以後,但總有一天可能是積鬱了太多不滿,也可能是蒐集到更多證人的說詞後才會「東窗事發」。對不滿的境遇做出反擊,是一項持續進行的社會政治學課題,這也是許多企業內部的工會代表成員、員工、管理階層、工會組織和政治組織正在做的事,而如今他們具有多數優勢,合作和友好互助已經是如今許多人任職的公司內部的真實情況。這不僅是對企業的要求,更是企業對自身的期許,而這些改變都在企業內部持續進行中。

這個迷思如何和你內心的抗拒感聯合起來，對你的事業發展造成傷害：

「我什麼都無法改變、沒人會聽我的想法、我沒有影響力。」

對大部分的人來說，企業內部的決策都是摸不透、猜不著的。由於無法看清影響力和權力的程度與規模，各個組織中的高階主管難免都看得到一點迷思的影子。許多人在職場日常中，肯定會受到一些決策的直接影響，但他們自己往往又無法參與那些決策的過程。即便管理準則中會提到所謂的個人責任，他們也無法理解，因為實際上他們對於自己工作的安排又完全沒有置喙的餘地。並且，因為他們在各自領域都是專家，讓他們更無法理解控管機制的意義。於是，無能為力的感受就此而生。無論在家庭中、親密關係、朋友之間、學校或是公司裡的從屬關係中，每個人多少都體驗過不同程度的無力感。對有抱負的人來說，這種無力感讓他們難以忍受，因為他們想要有所作為，並有最美好的願景，如今卻窒礙難行。這該如何因應呢？到底是該繼續忍耐下去？離職？還是把矛盾挑開來說？不同的人會以不同的方式消解這種內心的分歧：從冷眼旁觀思索：「上面那些人在我們不在場的情況下又在做些什麼？」到在內心想要辭掉這份工作都不是長久之道。正因為覺得受人支配、沒有影響力是很糟糕的感受，才想要表達出自己的想法。有些人會以抱怨、在背後議論、發牢騷的方式表現出來——這樣做至少可以讓他們在語言上反抗那些「在上位」的加害人。表達共同的憤慨還可以在短時間內強化「我們是同一國」的感受，而且是面對無力感的一種宣洩出口。但這麼做會帶來一個問題：談論這家爛公司裡的這些壞主管，會削減思考和學習的意願，因為「反正什麼也做不了」。

即便有人認同，批評還是會帶來距離感

人都有忠誠、跟著好上司以及好同事共事的需求。當有人負面批評其他人或上級主管——無論是帶有攻擊性、訕笑或「只是」嘲諷意味的——其實都是下意識在傳達出劃清界線或貶低的訊息。而聽到這類批評的人，也會在不知不覺中疏遠那些以高姿態批評他人的人。因為聽到自己熟悉的人被負面評價，會讓人感到不安。尤其當聽者實際感受上，覺得自己的主管其實是還不錯的人，自己也願意在那位主管底下做事，這時就會出現認知和情感不一致的情況。他們不認同那樣的感受，因此就會想辦法避開和那位批評者的接觸。而批評的人甚至都還不清楚他的負面言論會帶來哪些後果：他們原本想要得到肯定和認同，如今卻只會感到被激怒和疏離。而且，負面言論越激烈，失言的情況就會越嚴重，表現出來的也就越激憤。每個層級都會發生這樣的情況，甚至高階如董事會成員，也會有人感覺受到欺凌。有些人在訪談過程中對人「落井下石」，事後又追悔莫及的不愉快經驗就是這樣來的。

批評顯示出無能為力

抱怨、背後說人壞話、發牢騷等行為呈現出來的是你在由下往上看這個世界，而且是將自己無助地置於極為底層的位置。別人也會這樣看待你，認為你無能、造成不好的氛圍、不適合交付重大任務。如此一來又讓你反過來應證了你對公司的看法——結果你在公司內部不再有更上一層樓的可能，也不會再學到新事物的惡性循環就此形成。職涯發展就此埋沒在荒沙中，不用談了。一旦有了主管都很無能的態度——認為所有高層主管什麼都不會、這家公司內部的運作就是不公平、任何公司都無法公平處事——從此就遑論任何升遷機會了，無論你的能力有多好。

人們都是出於自願留在一家公司裡面工作的。你求職是為了待在這裡工作——並且是在共同的價值觀基礎上，為了取得更大的成就。倘若公司知名度很高、薪酬優渥，或是你在其他地方得不到重用，或是搬離現居地有困難，就會降低這種自願的感受——這種時候，難免就會覺得是被迫留在原來的公司。既然感受到這並非真心的選擇，只會帶來越來越沉重的無力感。

你的職涯策略：強化天生我材必有用的想法並發揮你的影響力

自尊心受挫加上把公司視為充滿敵意的場域，並不會帶來想要有所突破的積極情緒，而是會產生依賴感和想要離職的心情。那麼，該如何擺脫這樣的情緒並扭轉局勢呢？可能是無所畏懼的感受（「我要做給所有人看！」）、從絕望中生出的勇氣、對自己的專業領域有絕對的興趣、能在自己負責的工作中收穫愉悅感、來自他人的鼓勵或是過往成就的美好記憶。

一開始，你會意識到自己需要主動參與，並有策略地調整自己的行為。如此一來，你的目光就會從聚焦在那些表現不良的主管身上，轉移到專注在自己的能力上。於是，你就朝向心理學所謂的自我效能信念（Selbstwirksamkeitsüberzeugung）邁進了一大步，探索人對自己的信任，也就是知道：「我可以迎接並通過挑戰、我已經解決了很多問題。我的人生完全操之在我。」而當你專注在自己的能力上，並將之應用在你想對這個世界發揮影響力的地方，你的立場也就更堅定了。

承擔起自己職涯發展的主導權

只有正面積極地規畫，才能左右你的情緒。

問問你自己：

- 你最厲害的能力是什麼？你有哪些別人沒有的技能？你對一家公司的期許、對世界的期待是什麼？

深入思考你最深切的期待：

- 怎樣做世界才能因為你的能力和天賦而得到改善？

進一步提問：

- 你從小就想做或者做得到的事有哪些？
- 你有哪些才能可以讓別人想到這項能力時，馬上聯想到你？
- 總是讓其他人相信你能做到的事有哪些？他們信任你的哪些能力？

- 能讓你特別開心的事有哪些？
- 哪些領域的知識讓你覺得學無止盡？
- 哪些資訊可以振奮你的精神？
- 你有哪些榜樣？
- 你想變成誰？或想成為怎樣的人？
- 怎樣的工作可以讓你在臨近週末才接到電話通知錄取，意外之餘仍舊願意馬上打包行李、走馬上任？

你對以上問題做出的回答，會影響到你的行動。從這些回答中，你看到自己有哪些想要達到的目標了嗎？現在，你需要一些嚴謹、認真的詞語，來表達內心深處驅策你前進的動力：你是什麼人？你想要什麼？你會什麼？世界可以因為你得到哪些好處？

做過以上的練習後，你就不會再問自己：「到底是誰阻礙了我的發展？」你反而會問：「我想贏過誰？目的為何？又該如何做？」於是，你會主動向公司的決策者展現你的實力，你的影響力也會因此提升。

你會日漸察覺到，沒有人能奪走你的機會、貶低你的能力，或妄想逼迫你離職。甚至可能出現相反的情況，畢竟企業都想成功獲利。

找出你的職業志向，並追尋之

還不知道你在職場中發展的志向嗎？特別是，假使你是個喜歡批評他人的人，你感到氣憤的點可能就已經為你點出了方向。請為此走出你受傷的自尊所在之處（「我希望人，尤其是我自己，都能得到善待。」），因為這關係到，你的公司怎樣才能更成功。讓自己專注在你對公司發展的期許上，比如產品設計現代化、在社群媒體上更有能見度、撙節開支，或是與科技新創公司合作。

最重要的問題在於：你可以並願意為達成目標做些什麼，還有以何種角色做這些事？你可以嘗試以各種不同方式來表達出以上問題的答案。你可以試試以下這些正面積極的說法：

- 作為專案經理，加上我流利的阿拉伯語，相信公司在埃及設立的第一個分部可以旗開得勝。（而不是：「反正上面那些人又不會知道埃及的情況。」）
- 我們電話客服中心的工作人員需要更好的教育訓練，以此在面對來電時可以做出親切又不失專業的應對。這點是我身為經理可以做到的。(而不是：「我們電話客服中心的服務品質對比競爭對手差的真是有十萬八千里遠。這也難怪上面會說沒錢了。」)

- 如果我能接任即將退休的部門主管職位，我除了會延續他目前執行順利的業務內容外，還會導入新軟體的應用。(而不是：「身處公家單位，我們都還活在落後的遠古時代，什麼數位化當然是聞所未聞的事。」)

其他人都應該知道，你想要什麼。而且要讓他們知道，為什麼跟著你可以更有成就。這樣一來，他們就會應和你，而不是反對你。

避免在互惠互利過程中可能遇到的干擾

開創事業是一個艱難的過程。你的能力是在你職涯發展初始階段就需要的基本條件。當你越爬越高，你就會需要更多來自他人的善意。而職涯發展過程中，能給出這些所需的善意的人，除了同事、可以和你商討事情的人和客戶外，上級主管、德高望重的人，甚至有時候董事會成員也都很重要。如果沒有其他人的支持，沒有其他人幫你說好話、引薦你、忽略你的失誤並看重你的成果，就算你的表現再好、成果再豐碩，你也無法成功。或許想到要在事業上得到晉升機會，需要間接或直接得到那麼多人的認同，不免讓人感到渾沌暈眩。但是，推薦人也要確保，自己的舉薦可以為自己帶來正面的影響，希望被推薦者的好表現讓推薦人跟著沾光。而收到推薦的人，幾年後仍然會銘感於心：「真是推薦得好！」即便那次推薦沒有促成什麼實質的進展，他還是會滿懷謝意。

與做對的事同樣重要的，還有不做錯事。因為釋出善意和舉薦都是極為敏感的事。或許是些微的禮數不周、不夠尊重，更可能因為負面言論傷害到這些善意和推薦。

另外，不能讓人有任何一丁點你這個人可能不忠誠的感受。拒絕一個人很容易，而且拒絕人時通常不會有具體的理由，可能只是極其細微的不順眼，謀求某個職位的競爭者就這樣出局了。被判出局的人甚至不會得到任何後續回應。如果他們堅持要一個答案：「請告訴我，你們決定由其他人選接任的理由？我想從中有所學習。」只會讓人覺得這個人很麻煩，而且再次確定先前的拒絕是正確的決定。話說，都已經拒絕了，那些當事人還能有什麼好說的呢？

很多時候你自己都不清楚具體的原因了。畢竟挑人的過程看似客觀，實則不然。另一方面，你也不該因為一次拒絕就為自己的能力和抱負下任何定論。因為有時候拒絕的理由可能被轉化成看似良善的建議，例如：

- 「或許你應該再進行額外的培訓、出國進修或是再研習其他領域，可能就更有機會了。」
- 「因為保障名額的規定，你身為男性反正是沒機會了。不如就留在你原來的位置吧！」
- 「你都已經年過五十歲了，也找不到好工作了，不如就找點簡單的工作屈就，或是從事公益性質的工作。」
- 「你還這麼年輕，肯定是沒機會的了。這個位置再過幾年才輪得到你。你就再等等吧！」

諸如此類不過都是經過迷思美化後的藉口，完全無法當真。那都是一些客套、被社會所接受的說法，但對你而言毫無意義的職涯策略。對你說這些話的人，無論是獵人頭專員、人事部門的人，或是轉職顧問，都只是想表現出他們專業、樂於助人的樣子，而無須親口說出：「我們沒有適合你的職位。現在沒有、未來也不會有。」

對於婉拒或沒有後續通知（即便口頭上承諾：「我們會再與您聯繫。」）：請絕對不要繼續打探或追問。問題可能出在你身上，也或許不是——總之，身為一位有抱負的人就必須與許多不確定性共存。如果你想在這方面有所精進，花錢請個教練，而不是強迫別人對你說出一些令人不愉快的話。你大可忽視他人的拒絕、無視他人給你帶來的不安全感或不公平、忽略他人的言行不一和錯誤，你只需專注在自己的抱負和理想上就好。

在持續發展你事業的過程中，並且因此迫切需要得到支持，這些事或許讓你感到不耐煩。但是想想，如果是那些人力資源顧問、獵人頭專員和人事部門主管，除了在時間壓力下要面對成千上百個求職申請之外，還被你追問面試後續：「請問您收到我寄給您的文章了嗎？我在裡面針對我們面談過程中提到的問題做了詳盡的回答。」、「我只是想再次詢問我們上次面談的後續，或者是否還有什麼我需要補充的資料。」他們可能會感到不舒服、氣憤、羞愧、惱怒，甚至覺得被跟監了。你的事業野心越大，就應該避免在社交往來上對那些有影響力的人造成任何可能的干擾，即便是極其輕微的干擾也不行。彼此接觸過程中帶來的心情越好，溝通管道就越順暢，對方也就更有傾聽的意願。同理，對上級主管和公司的訊息越正面，就能讓人感受到越大的善意。

得到他人的正向共鳴是一種超越績效的能力。讓其他人樂意與你共事，並且樂意將你推薦給別人。這種「樂意」應該從你自身和其他人身上散發出來。因此，就專注在發揮你的影響力吧！

激勵所有人的正向共鳴

人，可以察覺到他人的感受，包含對上級主管或公司的看法。大腦中的鏡像神經元就是負責這部分的工作。[12] 人類因為鏡像神經元的作用會產生同一性質的動作，讓人與人之間（在有正面感受時）更親近，或是（在有負面感受時）更疏離。如何更有影響力，怎樣才能讓更多人看得到你並願意對你釋出善意？就在於好好培養並表達出你的正向感受。

學會辨識以下這些社交技巧吧！

12 Bauer, Joachim: Warum ich fühle was du fühlst. Intuitive Kommunikation und das Geheimnis der Spiegelneurone. Heyne 2006

- 將自己的抱負放在第一位。說出你的能力和理想。
- 帶上其他人。肯定其他人在各自領域上的成就，對他們表達感謝之意並讚揚他們的成就。
- 預設他人有良善的動機，即便他們正在為其他目標而努力。無論在對話或書信往來中，養成以說好話的方式介紹別人互相認識的習慣。不要只是說：「這是前同事盧卡斯。」你可以說：「盧卡斯是讓兩家公司能順利合作的人。他熟知如何促成不同公司之間的合作。」
- 聚焦於共同點，並找到自己的語言來表達，比如：「貴我雙方都希望我們的公司能有所成長。」（而不是刻意點出差異之處：「我知道，您反對收購方案。」）
- 讓那些應該互相認識的人聚在一起。由你來集結這些人一起喝咖啡或是組織參訪博物館的行程。如果現在正好有個日本書道展覽，而你知道前老闆對這領域有興趣，何妨邀他同行？
- 在重要談話後，寫下感謝的話語，即便明知自己的目標無法實現：「非常感謝您上次深入的談話，引發後續許多思考，讓我獲益匪淺。」

第二個迷思：

真性情，既真實又有說服力

這個迷思要說的是：

「我絕對不會做阿諛奉承的事，也絕不為五斗米折腰。」

每個人都希望能置身於有安全感的環境當中，期盼別人的言行是可預期的，而且希望自己能一眼就看出對方是值得信賴的人。你害怕對人性感到失望，想要你的信任其來有自。正因如此，大部分的人會渴望做真實的自己。「我不喜歡政治遊戲」、「我才不會為五斗米折腰」、「我絕不會逢迎諂媚」——這些句子都反映出人對做真我的渴望。

在公開場合，人會有扮演出來的「真我」。當下表現出來的手勢和情緒通常已經經過長時間琢磨，因而得以看似自然又不經意的樣子表現出來。一些成功人士喜歡給人這樣的印象：「嘿！我還是那個山中小村子出來的托尼。我最愛吃奶奶煮的馬鈴薯料理了！」這些人也喜愛強調「在地」這類的詞彙，希望別人眼中的自己有著謙遜而實在的特質，而這也是他們的個人形象。只是很有可能，現在的他們早已經不是那樣的人了，或有些人從來就不曾是那樣的形象。通常只有非常富有或權貴的人，才會特別強調自己是「在地的」。言下之意，反正我就是與眾不同。正是如此刻意強調的「平凡」人生，才更能凸顯自己身分地位的尊貴不凡。畢竟，他們都想給人自己很「真實」的印象。

這種真實性的概念與宣揚自己的改變形成強烈的矛盾。為什麼會這樣呢？

讓我們來驗證一下所謂的真實性：在社群媒體IG（Instagram）上呈現出來的影像有哪些是真實的呢？那些所謂的街拍真的是隨意拍到的嗎？挪威作家卡爾・奧韋・克瑙斯高（Karl Ove Knausgård）的自傳體小說裡面寫的內容都是真實發生的事嗎？你的女性主管表現出來的是她真實的一面嗎？這個職涯迷思讓你自以為總是在做真我，而且還可以輕易看出誰呈現出來的是否是他真實的一面：「哎呀！是人都看得出來，那個人在說謊，他那麼做只是想把人玩弄於股掌之間。」或是：「我感受得到，他說的是真心話。他是認真的。」任教於慕尼黑大學的文學學者暨作家艾瑞克・席林（Eric Schilling）證實，「真性情」是觀察者認為，自己的言行舉止或表現出來的特點與自己的期待相符的情況[13]，並將「真性情」定義為一種欲望。[14]我們永遠無從知道，一個人的言行舉止與他內心深處的想法、價值觀和動機是否一致，或一致到什麼程度。「一個人可能今天說要這樣做，但到了明天又是採取完全不一樣的行動。」兩種情況當然都是可信的：因為動機會改變，要怎樣做一件事的興致也是。同樣地，你的主管也是如此，他在面對你時所說的話，可能和在他的上級面前說的不一樣。你的主管並沒有刻意矯飾，因為這兩種情況讓他有不同的「感受」。他只是扮演了不同的角色：一則是作為主管的身分說話，另一則又是以員工的身分表達看法。

要求管理者維持真實性的管理方向，亦即所謂「真誠領導」（Authentic Leader-hip）[15]已經納入許多管理規範中。職場上應重視個人感受，並以尊重的態度表達出來。這個迷思來自於脫離現實的（或說是過於正面的）自我評價，以及對他人不切實

13 艾瑞克・席林。二〇二一年二月一日於慕尼黑福音學院（Evangelische Stadtakademie, München）線上活動中提及的內容。

14 Schilling, Erik: *Authentizität. Karriere einer Sehnsucht*, 2. Auflage, C.H.Beck, München, 2021

15 George, Bill: *Authentic Leadership. Rediscovering the Secrets to Creating Lasting Value*, John Wiley & Sons, San Francisco, 2003

際的要求。如此對純粹真實的浪漫渴望，與那些被視為「有策略」或「具操控性質」的「作戲」行為恰好形成鮮明對比。

事實上，完全真實的自我並不存在，因為不同角色的框架是由社會定義的。人可以在各自的各種社會角色中，開放而不受拘束地切換。這些角色各形各色，一天之內可能切換多次。所在的團體或社群差異性和規模越大，一個人就需要扮演越多角色，而且這種轉變是在毫不費力的情況下自動發生的：某個人可以同時是女兒、姊姊、母親、孫女、市長、人妻、超商顧客、排球運動員、火車駕駛、女性朋友、節慶場合的致詞人、喪禮上的致哀者、繼承人、訴訟程序的對造等。

順應當時的場合扮演不同角色，是社會共識的一部分。對角色的期待受到社會期許和定義，倘若無法遵守，就會受到懲罰。以律師為例，人們期待律師看起來嚴肅、克制情緒性的陳述、溝通能讓人感受到專業，並且行為舉止有禮有節。而這些期待的內容在許多情況下，正好與真性情背道而馳。對律師這種角色的期待，不僅會被律師本人所採納，也會被他的委託人、訴訟對造和參與訴訟程序的一眾人所接收。倘若無法符合期待，即便沒有違法，也會得到負面回應，甚至委託案被取消或是聲譽受損。這是人類典型的生活方式，可以說是合乎人性，不是受到本能驅使，而是因為角色期待而導致的結果。人類的情感世界也是如此，格外多變卻往往不由自主。

有自主性的自我不會因為角色扮演而扭曲。反之，他們依當下所扮演的角色不同，而做出不同的反應。其實，每個孩子從小就學會在不同的角色下做出不同的行為表現：這就好比他們在面對自己的母親、面對比自己年紀小的弟弟、對祖母或是在有機商店中，呈現出自己不同的面向一樣。每個文化或次文化也會形成各自對不同角色的刻板印象，比如主管與下屬員工之間、客戶與供應商之間。這些刻板印象在不同國家也會給人帶來不同的感受。而當所扮演的角色無法表現出相應的行為時，就會演變成喜劇或悲劇。例如一家公司董事會成員中的監事，在年度股東大會上表現得像是個實習生，或是騎自行車的文件快遞員表現得像實驗室主任。再來一個例子：一位父親帶著女兒到托育中心，滿是慈愛地與女兒道別後，有點難過而感傷地看著女兒轉身的背影。幾分鐘之後，這位為人父者就轉換到滿腦子只有數字、（不只是看起來）冷靜又理性的投資銀行行員角色。他說話的音調、肢體的緊繃程度和使用的語言都會有所不同。這種在不同角色間的轉換是社會化儀式的一部分。在這個過程中，人們幾乎都會認為自己是在展現真實的自我。除非他們覺得某些角色違背了自己的心意，拒絕接受這樣的角色。

所有人對自主呈現出特定角色並不陌生，無論在面對配偶的父母、面對權威人士、地鐵裡的其他乘客，或是面對兒童或運動場上的隊友，人人都會覺得自己展現出真實的自我，不費力地表現出符合當下身分的行為舉止。舉例而言，在他們拜訪配偶雙親時，即便想說出傷人或是太過真心的言語，話到嘴邊還是會嚥下不說出口。這時候的他們並不是在說謊或有操控人心的意圖，而是他們已經知道，如何在不耗費過多情緒和氣力的情況下，與對方維持平順的往來。這些人都想讓人覺得可靠，讓自己不會因為不合宜的行為或言論傷害到自己。

然而，對領導階層在真實性方面的要求卻是另一回事。領導者應該自我感覺真實、自信又值得別人敬重，並且真誠、不虛偽地表達出來。倘若受到公允的批評，他們也應該要能感受到，然後將內心的情緒非常真誠地轉化為尊重，並盡可能謹慎且「有建設性」地表達出自己的想法。當然，這一切都要在沒有偽飾的情況下展現出來。這簡直是造成精神錯亂的要求。

個性起作用，更準確地說：是適合角色的個性發揮了作用

職位晉升並非工作的延續，而是身分認同的發展。當然，工作還是會持續下去。

工作會有變化，人更會改變。對人生的感受、生活方式、言行舉止、心態、交友狀況、生活日常等，所有的一切都會改變。許多人在專業上的能力都很好，有些人甚至表現非常出色。正如獵人頭顧問史黛芬妮・蕭普（Stephanie Schorp）在她的著作《個性造就事業：這樣做，為你的職涯發展鋪路》（*Persönlichkeit macht Karriere: So stellen Sie die Weichen für Ihren eigenen beruflichen Weg*）[16]中精準點出，決定職場發展的是適合所處職位的個性。處在階級越頂層、身分地位越顯赫，人格特質越是眾人矚目的焦點。每個情緒、舉措和喜好，都會受到關注、被人仿效、顯得重要，而且具有影響力。

這個迷思如何和你內心的抗拒感聯合起來，對你的職涯發展造成傷害：**「我必須忠於自我。」**

馬庫士在一家時裝公司開發出一條備受看好的新產線。如果未來這條產線成功上線量產，他有望接任產品開發處處長的職位。畢竟現在的處長就要退休了。最近，他

16 Schorp, Stephanie: *Personlichkeit macht Karriere: So stellen Sie die Weichen für Ihren eigenen beruflichen Weg*, Campus, Frankfurt am Main, 2022

全心投入到工作中。只是，每天面對主管提出鉅細靡遺的大小問題，不僅令他感到不耐煩，而且為了應付這些問題，也消耗他很多心力。除了要考察競爭對手的情況、走訪各分店，他還要分析各項市場調查結果。馬庫士提出申請，希望能增派一位助理來為他減輕工作負擔，卻遲遲得不到處長的批准。處長還挑明地對馬庫士說，現在馬庫士看起來就這麼累，讓他不禁懷疑，馬庫士是否能承擔起處長這個職位的重責大任。處長表示，正因為這個原因，讓他無法依照原來的規畫那麼快退休，不得不「再撐」幾年。馬庫士的太太和家人最近幾乎都見不上他的面，這也讓馬庫士擔心，與家人的關係會越來越疏離。不能再這樣下去了！畢竟他還需要時間來為新的任務預作準備。於是，馬庫士決定要向處長一五一十地說出自己的想法（或說「真實情況」），並要求對現況有所調整。

許多有職涯抱負的人，都會以諸如此類帶有內心抗拒感的想法或做法來展現這種真我迷思。而內心的抗拒感代表著，害怕折損個人形象、擔心職涯發展期許受挫，以及因此受到打壓的痛苦感受。相對於外顯的反抗，這些內心抗拒感在心理層面運作不見得意識得到。即便如此，這種醞藏在內心的抗拒感會不斷影響思考和行動，以盡量避免這些令人不快的感受。

而懷疑和焦慮，就是馬庫士壓抑在內心的痛苦感受：他懷疑自己可能無法勝任新的職務；他害怕自己可能無法達到社會大眾、報刊、媒體和投資者的要求，而未來可能要付出更多心力在工作上。他擔心自己此後會被這個職位的競爭對手厭惡；他還害怕，很多事情可能出點差錯，就變成奇恥大辱，或者更糟的是：根本沒坐上那個職位。這些焦慮、擔憂、害怕在下意識中不斷滋長。其實，馬庫士的真實感受是：「我好委屈、我被利用了。明明我更能勝任產品開發處處長的職務，都是那個自以為是的現任處長不肯放權。」這裡套上真我迷思還真是說得通：「這下一定要來好好談談這件事了！畢竟，同事都來問我作何感想了。他們看起來都很擔心我的處境。」接著，又會出現以下幻想：如果晉升過程都沒有這些問題該有多好？偏偏主管沒有為馬庫士排除這些困難。這讓馬庫士氣憤難平，而他的應對做法就是責怪上司並反過來向對方提條件。因為發怒比自我懷疑和焦慮讓人更好受，也更符合想要的個人形象。

抗拒感來自於排斥改變所帶來的不明處境——於是，「忠於自我」這種強烈的渴望就運應而生。心理、下意識都不希望有所改變，希望一切都能維持原來的樣子。所以那些已經有所成就的人不會輕易放手，因為他們想要維持當初成就所帶來的成功模式。畢竟，是他們的努力不懈才讓事業走到如今這一步。這與是否真實做自己無關，而是從有能力的人到成為領導者過程中，心態的調整和角色的轉換。

為了接手處長職務，馬庫士必須捨棄目前會為他帶來繁重工作量的成功保障。他該做的不是順應時勢後再暗自傷神，他應該走向新的局面，精神抖擻、帶著輕鬆的心情且自信地為抵抗自己內心的抗拒感做出決斷。即便，或許難免做出錯誤的決定。這時，那些內心的抗拒感可能又會反過來對他低語道：「前提是要所有的條件都具備了，你才可能帶好產品開發部門。向主管提出要求吧！」真我迷思就是在這種時候、以這種方式，在不知不覺中和內心的抗拒感形成同一陣線，接著輕鬆找到其他盟友的支持：馬庫士的太太支持他讓他的上司看清事實，而他的同事也佩服他的勇氣。

一勞永逸地說出真相，其實很誘人

可惜，一體適用的真相並不存在，有的只是個人、極其有限的視角。說出所謂的真相，既可以減輕當下的焦慮、疑慮，也不用改變又能穩固既有的安全狀態。這就是實話批評的實際作用，不僅因為真實，還出自那麼有能力的人之口，所以會故步自封，也就不會得到晉升。在他人眼中，他們看起來工作負荷過大，而事實也是如此。因為想要呈現出真實的自己，（比如在前述的例子中，就是馬庫士面對他的同僚時）

可以降低愧疚感、減少行為上必要的改變，也不用那麼努力學習。如此一來，更強化了作為強勢領導者的個人形象，因此會犯錯的始終都是其他人。馬庫士可以覺得自己是個好人，因為他的批評都只是為了做到最好，而他的感受既真切又真實。他可以保有一貫的自我，但真我迷思會破壞對自己感受的理解，讓人不相信自己的感受……

- 未必呈現出真實情況
- 可能有巨大變化
- 源於恐懼和自我懷疑
- 可能充滿矛盾、模糊不清、情非得已

馬庫士是否意識到自己的錯誤？還是依舊牢牢捉著這個迷思不放？無論如何，他的上司到底還是在公司以外尋訪可以接替他職位的人。於是，現任處長就失去了馬庫士效忠於他的意願。至於新任部門主管的角色期待，並非向他人索求而來的「權利」，而是能否掌控「權力」，讓其他人願意一起效力並自願效忠。帶人從來都不是件簡單的事，有時甚至無法維持在領導的地位上。一旦如此，馬庫士必須做出其他抉擇，尊重大家的決定。家庭、公司行號和其他社群都需要忠誠度，否則就無法形成凝聚力。人會因為忠誠而感受到肩負的責任，社群也會因為忠誠而益加穩固。

你的職涯策略：尊重他人也需要受到尊重、想要被忠誠對待和被人欣賞

企業中，最重要的角色期待是忠誠。從公司裡的所有人或經營者開始，忠誠與具共同成長。而忠誠可能或有時也必須做出，會帶來不良影響的決定。然而，如果一個公司的執行長認定自己是領導表率，卻引發其他人員大規模遞出辭呈；倘若一家公司的董事長某天帶著「他的團隊」走馬上任，幾天後又將同一批人的資料送到人事評鑑中心，讓這些人重新申請入職；或者，如果有位曾任職財務長的人對記者爆料，以前與他共事過的人的糗事。諸如以上的任一情況發生時，就會引發對歸屬感、信任、付出、能力和成就的質疑。所有人都會因為缺乏忠誠度而備感壓力，即便是未參與其中的旁觀者。

但是，企業要有所成長、產品或服務品質要有所提升，不是也需要批評嗎？不。企業成長、產品與服務品質的提升，需要的是來自經驗、專業能力和集思廣益所帶

來，且得到公司其他人支持的期許和關注。批評不會得到人心，更會反其道而行。組織中出現新思維時，很少因為攻擊和爭執而得到支持。但是，以新思維自身的魅力，加以發想者令人難以拒絕的溝通能力，反而更容易讓人接受。也就是，只要有了對這些新思維存有善意且具影響力的人，一切就能水到渠成。

大多數人都是忠誠的

所有人都希望在職場上，如同在私人生活中一樣，受到尊重和被人欣賞。最好還是所有人都能以真誠又正向的態度對待彼此，這樣職場上的共事就會非常順利——聽起來很夢幻嗎？而事實也是如此。作為角色行為而言，忠誠是理所當然的態度。因為忠誠，員工不會在臉書上揭發上級主管的缺失，不會在朋友圈中數落自己公司的產品不佳，反而為自家產品感到自豪。忠誠度在公司發展良好的階段成長，並在遇到困難的時機持續展現效力。在合作關係中建立的坦承和信任，不容許遭到利用或抹黑，更不能成為供他人娛樂或消遣的話題。要做出有違忠誠的行為很容易，但同時也會帶來災難性的後果。傑出的成功人物往往在下台後，才發現導致失敗的源頭竟然是很久以前，某次影響程度相對小的不忠行為。比如，一位在職多年、頗有成就的產品開發人員，在自家公司面臨重大困境的時候，向對手公司投誠。

「那個人將我們多年來苦心經營的一切破壞殆盡。對此我可不能保持沉默！」並非如此！如果被要求，始終要做出讓人感覺正直的批評，那麼人就會堅持自己對真實性的要求，而忽略他人也有受到尊重和被人欣賞的需求。如若不然，則會被認為有負面動機，如妒忌、自私自利、貪婪和渴求權力，這時他們就會遭到反對和挫敗。這樣一來，就不會出現每段職涯發展必備的基本善意了。但是倘若有人違反法律，或甚至因此傷害到其他人或公司，情況就會有所不同。這種時候，就是忠誠度的極限了。

選擇性的真性情

「衝動之前，一定要深思熟慮。」義大利諷刺文學作家克勞諦歐・米凱・曼奇尼（Claudio Michele Mancini）用開玩笑的方式說的這句話，卻也道出了幾分真相：心理紀律在人際互動中的重要性。而你雖然無法選擇自己的感受，卻可以決定要如何做出反應。

選擇性的真性情是一種文化能力。選擇性的真性情意指，在呈現出真性情的同時，能有策略地即時傳達出有效的正面情緒，並且在找到以正向、激勵他人、顧及他人需求來表達情緒的方法前，對於自己的感受表現有所節制。這是一種職涯發展能力。一個人越有成就，就會越有意識地加強控管自己的衝動和強化心理層面的自我紀律，以維持可靠的形象。認知到這一點的人，就可以相應以另一種方式來表達自己想說出口的話：

例一：

「你想掌權，所以總是故意不給我設計草稿。」……

……可以換一種你還沒試過，但比較不傷感情的方式表達：

「為什麼你從來不把設計草稿發給我呢？」

你可以再進一步用另一種方式表達：

「你的設計草稿簡直就是太棒了！如果我也能有一份就更好了。我應該可以從中學到很多東西。」

例二：

「你總是只為自己爭取獎金和榮譽，而不願意和別人分享成果。」……

……可以換一種你還沒試過，但比較不傷感情的方式表達：

「你這麼成功是好事，但我們都別忘了，我也參與了這次的專案。」

你可以再進一步用另一種方式表達：

「我們這次合作取得了非常好的成果。我為我倆感到驕傲！我們真是一個很棒的團隊！」

例三：

「你就是懶，還會利用別人。」……

……可以換一種你還沒試過，但比較不傷感情的方式表達：

「你應該多花點時間和團隊一起工作。」

你可以再進一步用另一種方式表達：

「你的專業知識對團隊來說非常珍貴，大家都應該向你學習。」

發揮影響力而不是憤慨

當你自問：「我的氣憤該怎麼發洩？怒火該往何處去？我的批評有理有據，又該怎麼辦？如果我什麼都不說，我不就成了一個騙子了嗎？騙子難道就沒有義務，為了公司的利益說實話和表達批判嗎？」簡短的回答是：維持可靠的形象、發揮影響力而不是表現出憤慨的情緒。既然你想要在職場上一展長才，你就需要有影響力。你希望影響力不請自來，但其實影響力是互動的結果。意思是：在傳達你的期望和規畫時，必須讓他人有與你共事的意願。

企業中的階級關係並非私人的人際關係。上級主管說「不」，就只是簡單一個「不」字，不是人身攻擊。他們的不當言行和你個人完全沒有關係。除非涉及違反法律的行為或是歧視他人。不然，儘管忽視就是了。你要有策略地做出決定，你想讓你的上級主管得知哪些關於你的資訊，以便你的主管繼續將你視為成功的保證。如果你的主管要求你「說實話」，怎麼辦呢？那就稱讚一些你認為值得讚賞的事吧！畢竟管理階層最害怕的，莫過於被同事負面批評。[17]因為受到批評，會讓他們覺得心理層面的安全感受到威脅。

17 *"Fehlerkultur: Sagen, was schiefläuft"*, Harvard Business Manager, 04/2022（原出處：紙本《組織科學》（*Organization Science*）學術雙月刊：Coutifaris, Constantinos/Grant, Adam: *Taking Your Team Behind the Curtain: The Effects of Leader Feedback-Sharing and Feedback-Seeking on Team Psychological Safety*）

培養包容歧異的能力

嚴守紀律、扮演好職位要你扮演的角色，還包含對歧異的包容力，也就是對於衝突和不確定的情況，能以耐心和寬容面對。業界的現實場景處處都會遇到這些情況。你推薦了一位自認為極佳的助理人選，但產品開發處處長卻無法接受你推薦的人選。或許處長有難言之隱，無法據實以告他反對的理由。可能是，公司近期正在和一家墨西哥供應商研議購併事宜，所以新來的助理最好會說流利的西班牙語。又因為合併案還在祕密進行階段，尚未對外公開，所以處長無法告訴你，他不接受你舉薦人選的真正原因。於是，處長只好對你說一個讓你接受不了的「錯誤」理由。這時候，你會感到氣憤：「哼！那個人對我們部門的業務一點概念也沒有！」事情發展到最後，甚至還可能驗證出他的決定是錯誤的結果。背後的原因其實是你未曾得知的併購案談判破裂，而你還持續為你知道的那部分內容憤怒不已。

對懷有抱負的人來說，每天都要面對某個議題（尚）無法做出最終評斷的情況。即便如此，他們仍需做出決定。這只是維持他們角色的一致性，或是出於他們所有經驗、直覺或良善動機考量後的結果。他們的安全感不假外求而來自於他們的內心，並相信自己的直覺和經驗，有信心在他們各自擅長的領域中做出決斷，承擔風險。

每一種感受都在暗示：這是客觀事實。然而，環顧世界，你就會意識到：所有人都有各自認定，而且是對他們的自我概念而言，極其珍貴的事實。那麼，如何才能保有你對他人的善意、包容、讚賞、正向思考和好奇心呢？為此，你需要有靈活的心態。「數十年來，心態一直是史丹佛大學心理學教授卡蘿・杜維克（Carol Dweck）的主要研究領域。這裡的心態指的是，決定生活期望的基本行為與思考模式。杜維克教授對固定型心態和成長型心態的開創性見解說明了，為何有些人可以用自己的高智商為自己謀取利益，有些人卻做不到。杜維克教授證實，決定能否成功的關鍵條件就是成長型心態——相信一切都在改變，而且自己有很多機會可以改變情況。」[18]

杜維克指出：擁有靈活的成長型心態的人有學習意願，無論是從錯誤中、從沉痛的情緒，或是從隱藏的欲望中。以自省、正念、心理療法、冥想等方式來探索和感知自身內心的情緒起伏，並在這些過程中實踐紀律，且以正向和欣賞的態度去面對人與人的相遇，是所有人的終身課題。

18 Assig, Dorothea & Echter, Dorothee: *Ambition. Wie grose Karrieren gelingen*, 2. Auflage, Campus, Frankfurt am Main, 2019, S. 102. 更詳細內容可參見：Dweck, Carol *Selbstbild: Wie unser Denken Erfolge oder Niederlagen bewirkt*, Piper Verlag, München, 2017

第三個迷思：

能力好就會被發現，還會得到獎勵

這個迷思要說的是：

「總有一天他們會看到我有多優秀。」

有句話說：「我這麼厲害，所以別人一定看得到我。」依這句話的說法，被人看到是一種萬能的想像。然而，現實卻不盡然如此。除非你要進入的是模特兒行業，才有可能在散步途中或在咖啡店裡被星探發掘。至於在其他行業中，能力被人看到是一種極為複雜的社會過程。

無論在企業中，或在藝術、體育領域，到處都有許多表現傑出卻沒有被看到的人。這些人即使已經為公司或社會帶來豐厚的利益，依舊沒有人看到他們的成就。他們會淹沒在日常事務中，一如既往地沒沒無聞。於是，原本前程看好的職業生涯就此陷入停滯。人事部門的負責人和公司高層耗費大量精力，想要找到最優秀的人才。但想被當作人才發現的人，自己必須先站出來。而那些相信有能力就會被看到的人，反而只會埋首於工作和無盡的企盼中。哈佛大學行為經濟學教授艾瑞絲・波內特（Iris Bohnet）總結道：「能力是職涯發展的關鍵。這種想法，不過是一種迷思。」[19]

工作、更努力工作、繼續盼望

讓我們面對現實吧！單憑最好的成果並不會帶來成功。堅持、歸罪於他人，或是更加努力也都無濟於事。因為取得出色的績效和職涯發展是兩種不同的系統。

在進入職場初期，能力是職位晉升的資產。但是從中階管理層開始，只有能力是不夠的。在這個階段，能力好充其量只能讓你保住職位。之後，位階越高，證明有能力就變得越來越不重要。因為隨著責任加重，乃至於最終進入高階管理層，要求的就是頂尖的績效。這時候，重要的是成果能否可以與你的名字連結在一起。千萬別搞混

19 Bohnet, Iris: *„Dass Leistung entscheidend fur die Karriere ist, ist ein Mythos"*, Interview, ZEIT ONLINE, 03.01.2022

了：如今，工作執行的過程如此複雜，成果出現時自然而然掛上你的名字這種事情是不會發生的。

許多人為公司做出貢獻，並以此為自己添妝加彩。你必須要能說出，並讓人知道你的特殊貢獻和你的特殊技能。如果你無法用精彩、貼切的語言加以闡述，就只能當那些事不曾發生過——即便對你的直屬主管也是如此。專業雜誌《哈佛商業經理人》（*Harvard Business Manager*）的總編輯安托尼雅・戈屈（Antonia Götsch）在二〇二二年二月一期雜誌的發行前言中，向所有相信能力迷思的人提到一份重要的研究報告時，指出：「大多數管理層的人員只知道自己團隊固定處理的業務中的一部分。哈佛商學院（Harvard Business School）和華頓學院（Wharton School）在一份研究中提到，多數管理層知道的業務內容比例平均為40％。甚至有一個極端的例子，其中的管理高層對於自己下屬員工的工作內容只能說出4％。」[20]如果你的上級主管從來不知道你在做什麼，當然也就無法看到你的成就。你可以得到周遭所有人的認可，但是，在職場上真正能決定是否提攜你的，是你的上級主管。認為憑藉績效表現就能讓接下來的職業

20 Götsch, Antonia: "*Wissen Sie wirklich, was Ihre Mitarbeiter tun?*", Harvard Business Manager Online, 01.02.2022

生涯一帆風順的人，也不會意識到，現今職涯發展的決策過程，參與其中的人其實有越來越多的趨勢。要求越高的職位，就會有越多人參與是否任命你來坐這個職位的決策過程。這些人之中，多的是你個人從未聽聞的人。而且他們各有極為不同的偏好、關注的議題和見識，因此極有可能甚至無法評估你的專業能力。

「這裡所有人都知道我有多優秀。」許多人會這樣試圖說服自己。但是，在日常瑣事的洗禮下，成功會被遺忘，即便是最知名的獎項也會在一段時間後失去光彩。過往的成功事蹟，對他人來說就只是一件往事：過去的就是過去了。你的同事過去曾在你的助力下得到晉升？人家早忘了。你主導的談判，曾經為公司帶來前所未有的貢獻？你自己清楚這件事，但你不能期待其他人也記得。沒有人會馬上想到團隊成員曾經得到過那些榮譽、獎項和成就。這就表示，你必須在日常生活中讓人知道你的成就，並盡可能用偉大的詞語來表達這些成就。「我們希望在這個成功基準上，實現大型交易，因此我贊成……」讓事件關聯性、關注力都離不開你這個人——在此處的例子中，就是「實現大型交易」——必須在每一次對話中、在每封電子郵件中、在每次會議裡面，直接或間接傳遞出的訊息。

讓人看得見你

克勞蒂亞熱愛自己工作的一切，尤其是和委託人的接觸過程，從第一通電話到結案評估。她在一家大型餐飲公司中帶領一支團隊，由她完成的每一筆訂單，無論過程一切順利，或是偶有客訴，後續都還會接到委託人轉介來的新客戶，這點特別讓她引以為傲。她仔細算了算：截至目前為止的今年內，由她負責的二十二場活動，已經帶來了將近一百位潛在客戶（客戶詢問）和超過二十筆新訂單。與同類公司相比，這可是非常漂亮的成績單！

克勞蒂亞希望能有更多機會接觸更大、更重要的客戶，同時，相對縮減在處理組織流程方面的工作量。她覺得自己有能力成立並帶領一個新的地區分公司。由於目前為止的成果都不算在她的業績上，而是歸屬於她的主管葛德，因此她更投入到工作中。她想向葛德證明自己有多優秀。某天，她向葛德呈交她的業績數據。主管葛德開心地說：「保持這樣的成績！我們需要像你這樣的人。不過現在很抱歉，我有個重要的客戶會談。你要知道，那可是麥爾集團的麥爾先生本人。」然後主管就離開了。

克勞蒂亞當初憑藉豐富的專業經驗，才招攬到麥爾先生這位大客戶的生意。「真是無恥！」克勞蒂亞在心裡暗罵，而且當即寫了一封氣憤難平的電子郵件：「親愛的葛德，我想找你談的正好是你不尊重我的績效這件事。你可知道，當初是我為你和麥爾先生牽線，你們才能建立起聯繫的嗎？你記得，今年內，我已經為你安排超過九十場客戶會談了嗎？請問實際上，你從這些會談中爭取到多少新客戶呢？我每週工作六十個小時，為公司帶來豐厚的業績成長。你希望我留在現在的職位。但我能做更多的事。所以我要求十個月內升職。以上，克勞蒂亞」。

為什麼其他人（有時連主管級的人也沒有）幾乎分配不到功勞？因為其中涉及太多人與因素，而成功的動力和過程也不斷在改變。團隊的其他成員出了多少力？新的客戶關係管理系統是什麼？這位社群媒體行銷人員的構想帶來怎樣的效果？個體經濟情勢造成怎樣的影響？作為證明，克勞蒂亞提出，她以優秀的技能和特別擅長的溝通天賦，在一年內將公司業績提升近四分之一。這一點，如果克勞蒂亞自己沒有明確提及，就不會被看到。屆時受到關注和評價的反而是克勞蒂亞的行為表現：當她的成果不被認可時，她會抱怨、責怪其他原因或要求別人的肯定。這樣的人必定不會被交付更大的任務。

重要決策者看不到你的貢獻有多傑出時，確實令人心寒。有時需要很多時間，才能對自己坦承：「我被上級主管和人事部門的人低估了。」你自己的同事、客戶和同行的人早就成為你的粉絲，工作本身也都圓滿達成，成果更是優異。縱使展現了實際的績效，依舊被應該看到的人忽視。認知到這一點，讓帶來實際績效的人長期覺得受到打壓，最後他們就會放棄努力、抱怨、要求肯定，或是尋求無法得到重視的解釋。那些為人主管的人、業界，或甚至整個世界，看起來像個瘋人院。「至少有半數是輕症，但也有情況稍微嚴重的病例。」[21]得出這樣的結論，雖然通俗易懂卻充滿陷阱。該篇文章隨著雜誌的發行，更是強化了這樣的負面印象，讓人試圖從他人身上尋找自己受挫的原因，而不是把心思放在如何提升自己的能見度和被人認可上。

讓人看到你的過程

被人看到的迷思是成功的阻礙。之所以存在這樣的想法，全因認為其他人要為你的職涯發展負責，認定其他人能夠、願意，甚至有義務看到，且都可以正確指出你的工作成果，並發掘你是領導人才。這裡就和本書的第五個迷思「職涯規畫是公司的

21 https://www.spiegel.de/karriere/toxische-chefs-mindestens-die-haelfteist-leicht-irre-es-gibt-aber-auch-schwere-faelle-a-8d2c0ebf-b197-4c97-8923-17fdf8c7a2fc（網址擷取於二〇二一年八月一日）

事」連結起來了。你有什麼能力可以讓別人注意到你？為何別人要費工夫認可、說得出、告訴他人你的成就並支持你晉升？為了讓人看得到你，你自己必須先打造能讓人看見你的複雜過程。為此，你需要相應的行動規畫。

取得績效的場域不同於得到認可的場域。只是，這裡所謂的「場域」指的到底是什麼呢？指的是有特定議題的一群人。例如，一位顧問受到研討會學員的高度讚揚，但決策者或是委託方視這位顧問的表現為理所當然，因此對於學員的反應不感興趣；工程師為專案研擬出一份方案，可望為公司省下數百萬經費，他把這份專案建議書發送給董事長，結果董事長固定週六的高爾夫球場聚會中，他仍然不在受邀之列。當企業內部的顧問團隊面對一個非常棘手的目標族群時，取得公認的好成績，而高階管理層自己只將這個族群定調為「有難度」。那麼，得到認可的希望就會落空。這兩個場域的差異可能大到甚至沒有共同的語言。

可以發揮你才能的場域，往往並非你職涯發展的場域。由於在這兩個場域中，可能人人都說你的好，因此在日常生活中常不容易分辨出兩者的差異。在兩個場域中你都被看到了、都很有動力，也都得到認可。那麼你看得出別人是怎麼看你的嗎？到底是把你視為成功保證，還是有能力的績效保證？

取得績效的場合會聽到：	得到認可的場合會聽到：
「他整合了新公司。」 「過去她讓營業額增長30%。」 「他理所應當得到業績分紅。」 「她是遵守紀律的好榜樣。」 「他執行的每個專案都交出漂亮的成績單。」 「這就是她年度評分如此優秀的原因。」	「他知道如何與人建立聯繫。」 「最近她邀請我了。」 「他向我道賀。」 「她把有趣的人都聚集在一起了。」 「他是個很用心的聽眾。」 「她懂得欣賞我們的努力。」

這個迷思如何和你內心的抗拒感聯合起來，阻礙你的職涯發展：

「沒有人看到我的成就時，我不會乞求別人的肯定。」

有些人覺得，如果要自己宣傳自己的成就，會讓自己變得像乞討者或是自吹自擂的人，並以此為恥。對這些人來說，所謂成功就是讓別人看到自己的成就並為此歡呼喝采。於是，將自己的傑出事蹟展示出來，幾乎成了社會禁忌。

這些人依循內心的牴觸感，還會為自己辯解道：「展現自己真的不需急於一時。宣傳這件事應該由其他人為我做。」、「我的成績就擺在那裡，大家都看得到，不用我多說。」對這些人來說，只要他們還沒有養成向他人展示自己成就的習慣，就會覺得交出漂亮的成績單就夠了，還必須親自去說給別人知道，簡直就是一種侮辱。「我做得這麼賣力又好，但是我的表現沒有得到重視，難道還要我去博取別人的善意和青睞嗎？」正是如此！關照自己有這麼難嗎？讓人知道你的傑出事蹟和才能，是為了讓人看得到你，但你為何會抗拒這麼做呢？以下有幾個可能原因：

- 你擔心，自己一旦「脫穎而出」就會失去社會歸屬感。
- 謙虛是你的良好品德，你不希望自己比別人優秀太多。

- 你在內心暗地質疑自己的能力，擔心自己哪天終於被人看到了，到時就要由外界的肯定來評判你的能力。
- 你夢想著，如果哪天成功終於從天上掉下來，屆時你就會自動擁有所需要的能力。
- 你認為無須展示自己的能力也是一種成功的表現，因為到目前為止，你並未特別做什麼，你的職業生涯就如平步青雲，不斷往上爬。
- 你覺得自己能力這麼好，卻還要自己宣傳以獲得肯定，讓你感到羞辱。

如果以上敘述有一個或多個讓你覺得熟悉，你就該知道，自己內心抗拒的是什麼。這一類人的集體催眠咒語是：「我可不是個喜歡自我宣傳的人。最好還是再等等吧！」他們不想像那些不斷宣傳自己好的人一樣，也不想成為那些把功勞掛在自己頭上的人，或是只有面對有權勢的人才會表現出坦蕩、親切的人，更不想成為到處與人攀比，實際上對別人的事務漠不關心的人。只是，上述情況不一定有因果關聯：人可以在表現出事業心的同時，仍然富有同理心。以自我為中心的自我行銷者，就像徘徊在抗拒感的集體幻想中的遊魂，只要有人的行為表現稍微讓他嗅到一點苗頭，他馬上就會想到：「我可是良善的一方，才不會做那樣的事！我強烈排斥這種行為。」

如果你想以自己的能力讓世界變得更好，你需要有一定的影響力和威望。如果你認為應該盡快開發出氫氣作為動力的船用引擎，你是否應該努力成為一名優秀且具有主導作用的軟體開發員？那麼你就必須明確傳達出這樣的訊息。只有精準的用語，你才能讓人明確知道你的立場和歸屬。你應該不會希望有人提到你時，說的是：「我知道一位做船舶相關的資訊科技業的女士，她人還不錯。」將你在意的事傳達給世界，需要用明確、易懂的語言，好讓有影響力的人繼續將你的理念傳達出去。

人有很多方法自我設限，或破壞自己對職涯發展的期許

事業心會激起強烈的熱情，無論是對你自己或是你周遭的人。人不斷在改變，但是面對比如職涯發展的下一個階段這類重大改變時，就會同時觸動信心和恐懼。

人都需要內心的抗拒感，以免自己負荷過重，因為它可以減少人在面對挫折或重大挑戰時所受到的衝擊，但有時也可能為自己帶來傷害——尤其是當內心的抗拒感與各種職涯發展迷思產生連結的時候。於是，有才幹的人可能因此放棄自己的職涯抱負。

對我的職涯發展造成阻礙的是……

……我。其實，職涯發展受到自己造成的阻礙或施加壓力的程度，往往超乎自身的想像。有時，甚至到像是人拚盡全力阻止自己的職涯發展一樣。這些人有才能、有抱負，卻不想和人保持聯繫、不想組建自己親近的圈子，只是認為自己的上級主管都是壞人、任職的公司是黑心企業、任何改變都該受到譴責等。即便如此，他們還是希望有一天他們的能力可以得到肯定，並且得到晉升、接受歡呼。

……信任的人。有時，為了阻止某人施展他的職涯抱負，會出現真正的衝突：「你竟然為了發展事業，想搬到紐約去？你仔細想過，萬一沒有成功的後果了嗎？」親近的朋友憂心忡忡地問你。你的家人更是進入緊急戒備狀態：「你這是要把我們拋下不管了嗎？」這句話的關鍵詞是「拋下」，用到這個敘事關鍵詞的，通常是原生家庭的成員。讓人一陣恍惚的瞬間，既模糊了原本的期望，也激起人害怕自己那麼有勇氣的情緒。無法認清這些敘事關鍵詞有問題的人，就會堅守不變，因為這是他們熟悉的感受，能帶給他們安全感。起而反抗，就是要脫離家庭動力的力量。

挪威推理小說家尤·奈斯博（Jo Nesbø）對於家庭和其他敘事曾經寫道：「也就是說，那些或多或少真實道出發生在我們或其他人身上，讓我們一再敘說的故事，已經成為每個家庭、朋友圈、社會的黏著劑。（作者註：每個公司行號也是如此！）這些故事可以為我們驗明正身，或更準確地說：我們想成為誰。但如果真是這樣的話，為何我們談起失敗時，要比提到更值得讓人知道的勝利時，更有興致、更慷慨激昂呢？這是否能解釋為，失敗和恥辱更能激起共同的感受呢？悲劇，作為演化過程中的一種生存策略，是否比起勝利，更能將我們維繫在一起，且更符合所謂好故事的標準呢？」[22]

……與職涯發展不相關的行為。有時候，會在職涯發展最先遇到阻礙之處尋求職涯停頓的解決方法。比如一位工程師在人力資源社群網站領英（LinkedIn）費力地宣揚大師的學問，即便有許多人追蹤他的帳號，但他的這種做法無法讓人看到他在專業領域上的抱負。同理，一位離職的四十歲業務，浮誇地表示現在想要留些時間給自

22 Jo Nesbø: *"Harte Landung"*, S. 14–18, Süddeutsche Zeitung Magazin, Nr. 3, 21.01.2022, S. 18

己，所以接下來要出國進修。如此一來，當然就找不到新工作。所以，找到你緊握不放，並因而阻礙你的職涯後續發展的職涯迷思吧！

……**野心**。坐在儲備人才位置的人、處於容易讓人看到的位置上的人，或是有人剛完成了一個專業任務，心滿意足又得到認可時，很容易覺得自己可以往上拿下更高的職位。他們肯定可以，只是——那個位置真的適合嗎？橫向調動也能帶來成就感，無須只顧著往上晉升。

……**娛樂**。有些人看不到自己職涯發展停頓的關鍵問題，於是轉而參加，比如心靈大師的課程。這樣的人可能覺得心情愉快，卻會因為失去專業的權威性而傷害到他們的職業生涯。這些活動為潛意識帶來安撫功能，讓我們在潛意識中一方面努力改變的同時，另一方面又不想離開舒適圈。

學歷陷阱

參加額外的培訓課程，就能得到更好的職涯發展機會——這個信念甚至往上延伸

人有很多方法自我設限，或破壞自己對職涯發展的期許

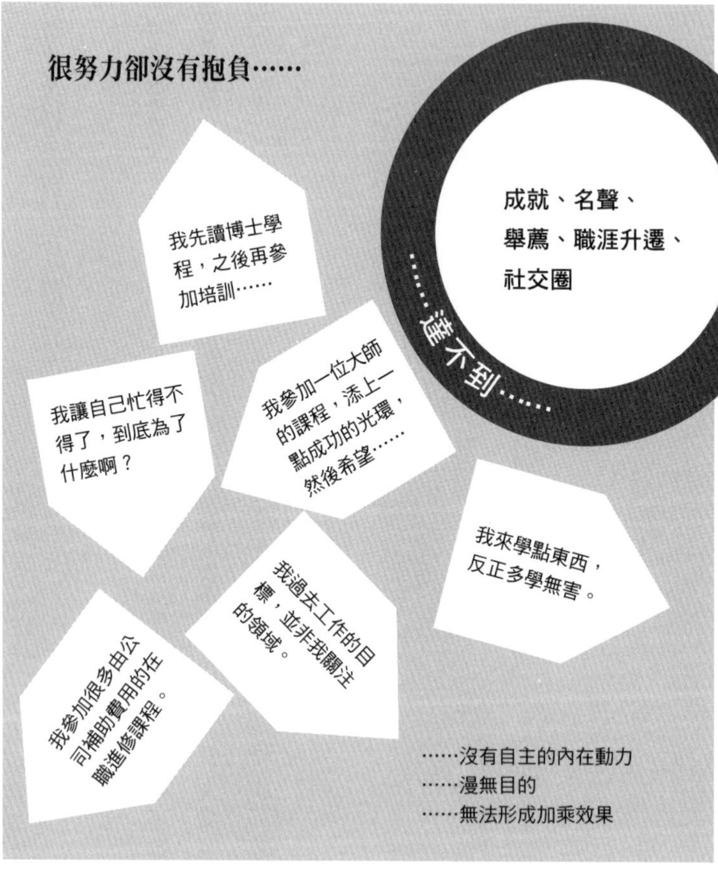
很努力卻沒有抱負……
成就、名聲、
舉薦、職涯升遷、
社交圈
……達不到……
我先讀博士學
程，之後再參
加培訓……
我讓自己忙得不
得了，到底為了
什麼啊？
我參加一位大師
的課程，添上一
點成功的光環，
然後希望……
我來學點東西，
反正多學無害。
我過去工作的目
標，並非我關注
的領域。
我參加很多由公
司補助費用的在
職進修課程。
……沒有自主的內在動力
……漫無目的
……無法形成加乘效果

到管理高層。商務經理想參加在職進修，進一步取得董事會監事的資格。他不知道的是，其實他早就以能力證明自己有擔任監事的資格，而且他的成功另有其他價值：他的名聲，以及他和許多知名人士都有聯繫。

這位資訊科技專家認為，自己在公司的職位沒有得到晉升，是因為他只有碩士學歷。他覺得，自己如果有博士學位，現在的職位肯定不止如此。畢竟才不久前，他還真的被人事經理問過，為什麼他沒讀到博士。此外，他所處的周遭還有幾位數學博士，各個的位階都比他高。這些因素讓他在工作之餘，還要努力攻讀博士學位。以下這些冷言冷語往往助長了學歷陷阱：

- 「只要再拿到這個學歷，事業運勢就會馬上扶搖直上。」
- 「最好是參加最貴的培訓課程。反正到時候升職了，花出去的錢馬上就補回來了。」
- 「越耗時費力的就越好：相對於你夢寐以求的職業生涯，花個五年時間拿到博士學位算什麼？」
- 「等你完成董事會監事的進修課程，被任命為監事不過是十拿九穩的事。」

與時俱進並不斷提升自己的價值，也屬於職涯抱負的範疇。因此，想要讓自己的能力更臻完備，請找到適合你施展抱負的機會。這種機會很多時候並非接受進一步的進修，而可能是接受額外的新業務、線上課程或是換工作。

努力陷阱

這是一個慣性循環：投入工作後，就覺得要更努力工作，而且其他所有事情都要以工作為優先考量。這顆只想到努力工作的大腦不會問你：「這樣做有什麼好處？」相反地，在這樣的背景前提下，尤其在有重大議題待決議，或是演說、重要決策當前時，空出時間參觀博物館，或是和朋友通個電話、好好談心，甚至都會變成可笑的事。

投入工作讓你感到安心。當情勢變得嚴峻時，你會表現出你的職業道德。因為對你來說，安全感、事情受控和遵循日常軌道至上，所以你喜歡設定目標。這種努力讓你感到安心，因為一切都動起來了。唯獨對發展職涯這件事，你沒有時間……

努力，只有在變成對施展自己的抱負有助益的學習步驟時，這樣的努力才能換來成功。

怎樣努力才能為職業生涯加分……

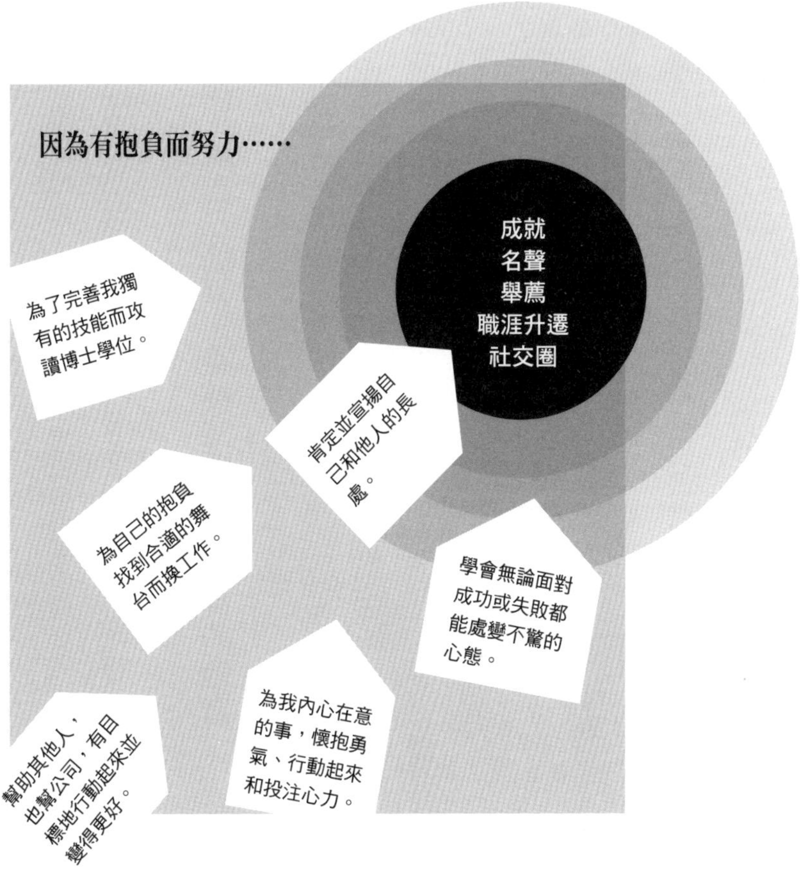
因為有抱負而努力……
成就
名聲
舉薦
職涯升遷
社交圈
為了完善我獨有的技能而攻讀博士學位。
肯定並宣揚自己和他人的長處。
為自己的抱負找到合適的舞台而換工作。
學會無論面對成功或失敗都能處變不驚的心態。
為我內心在意的事，懷抱勇氣、行動起來和投注心力。
幫助其他人，也幫公司，有目標地行動起來並變得更好。

能察覺到自己的抱負的人，即便在這些想法還很模糊的階段，仍然會迫切想要將自己的這些理想表達出來，並為自己有這些抱負感到開心。你想成為怎樣的人？你想要怎樣的生活？你想為這個世界帶來什麼？你的抱負會引導你何去何從？

你的職涯策略：說自己的好，更要宣揚別人厲害的地方

在職業生涯的第一階段，很多人還無法準確，或甚至無法說出自己的抱負。他們既沒有個人品牌，能力也還沒達到獨有技能的程度。當然，有人在十八歲到二十五歲之間就已經非常有成就了，但這些人都是例外中的例外。專業上的養成步驟是不可能一蹴可幾，而是要經過學習、努力、調適和找出自己專長的過程。

發現自己厲害的地方

你的技能如此獨特，以至於其他人根本不知道有這種能力的存在，更別說去了解這項技能的過人之處。所以，你周遭的人需要的是成功的故事，而不是你從事工作內容的描述。

要形成概念並排出優先順序，需要做到以下這些基本規則：

- 說明你在你的位置、以你的角色能起到怎樣的作用。團隊合作或領導力這類技能雖然有價值，但也僅限於人生第一個管理職，之後就不適用了。
- 對你的能力只做正面表述，不做比較，也不說謊。
- 排出優先順序，並忽略所有細節。
- 選擇高抽象層次（hohes Abstraktionsniveau）的任務目標。

因此，珍妮不會流水帳式地列出所有做過的事情或活動：「然後我就去了羅馬，參加這場專家研討會。接著和科技大學的諾伊曼教授討論了施工圖，也再次見到了幾位協力人員。」她應該這樣說比較好：「我們的橋樑工程應該不只美觀，還要顧及安全性和能用上幾百年的耐用度。我已經傾盡所學來進行評估，現在的結構是符合我對品質的要求了。」

如此一來，珍妮打造出來的品牌形象是：「符合極致美學與最高安全標準建造品質的橋樑結構。」這就是她個人的成功代碼。

你也不該只是簡短地寫下：「這份訂單只需要再由董監事簽署就算確定了。」因為這樣說無異於只說了：「好，謝謝。」——然後，就沒有然後了。應該怎麼說才對，朵莉絲・馬爾汀（Doris Märtin）在她獨具突破性見解的著作《慣習》（*Habitus*）[23]中提及，語言作為成功習慣的關鍵資本有多重要——為自己在話語上預留空間，說話不要毫無保留。所以，你可以換成這樣說或寫：「這份訂單是在極其艱難的政治情勢下，好不容易才爭取到的。另有三家知名競爭對手也都很想得到這筆委內瑞拉的訂單。我之所以能簽下來，是因為我從一開始就對我做出的簡報內容有信心。交涉過程中，我也不給對方任何壓力，並且始終保持謹慎的態度。我保持冷靜，因為我在談判遇到困難的情況下，總是讓自己維持最佳狀態面對，最終我才能完成談判。為了這份一億元訂單，過去三年的談判就都值得了。」

於是，你打造出來的品牌形象是：「談判順利並帶來豐碩成果。」這就是你個人的成功代碼。倘若你任職於一家以德國客戶為主的德國企業，比如區域性的中型企業，那麼你在領英社群或是履歷上就應該以德文把自己作為品牌進行推廣。如果你在一家跨國企業服務，在領英社群或履歷上使用英文或是英、德文並用就很重要。

---

23 Märtin, Doris: *Habitus. Sind Sie bereit fur den Sprung nach ganz oben?* Campus, Frankfurt am Main, 2019
中譯本：朵莉絲・馬爾汀（2023）。《慣習》。台北：先覺出版社。

阿欽這樣介紹他的成就：「我們只用了兩年時間就回到利潤區，大幅縮短了原本預期的三年時程。以當時的內在條件和外在環境，要轉虧為盈是極其困難的事情。但如今有哪個經營環境是容易的呢？我們開發出的新商業理念效果卓著，不但可以與我們的核心業務相輔相成，而且推展成效非常好。我們的核心業務因此得以在短時間內好轉。對我來說，人的能力很重要，而且也確實馬上得到了回報。」

阿欽的品牌形象是：「讓資源動起來，扭轉局勢。」或是「多重資源周轉」。這是阿欽個人的成功代碼。

說出自己的好

解碼你的成功，並啟動「以肯定獲得成功的動力」：內在心態的變化會帶來外在行為的改變，並因此能讓許多人正面而精準地談起你這個人。當別人在閒聊、簡報或電話中提到你時，你無從得知、也無法控制他們說了什麼。但你卻可以影響他們談起你時的內容。你的個人品牌形象就是你的安全據點，也是讓別人理解你工作內容的行動指南。

說出別人的好

你想被人舉薦嗎？那就先從自己開始，發現他人的能力並且把他們推薦出去。善用你能想到最好的話語，以提升這些話被人聽到的可能性。這樣做，你就能在周遭建立起一種成功的氛圍。

- 在當事人在場或不在場時表達欽佩之意。
- 在電子郵件中寫下你對對方的喝采，或是寄出賀卡。不吝惜讚美他人。
- 為他人的成功道賀。
- 引介雙方認識彼此時，說出雙方的重大成就。讓那些應該相互認識的人產生交集。

製造共同點，同時正面評價他人與自己，也是將自己的品牌歸功於其他人的有效方法——權威人士的背書顯得更有力。這代表，你有評價他人能力的資格。重視他人的價值就在於得到重視。

做長遠的打算

移居國外是對的決定嗎？應該去讀個企管碩士學程，還是獨立創業呢？寫一本書好嗎？從顧問職轉到實際運營職位（或是反過來）好嗎？這些問題的答案都離不開你的職涯抱負。轉學到美國的大學是好事，如果——而且只有這個「如果」的條件成立時——那裡有你研究領域的關鍵學者群。與此相對，已經擔任顧問職的人，在既有資格外，額外攻讀企管碩士學程，似乎就偏屬「興趣」的範疇了。

這其中差別的關鍵在於，一個改變能讓你更接近重要的人物，以及你對職涯發展的期許。

在少數特殊領域發展職涯可以、也必須快速進行，比如體育界。在體育界發展，能力水準馬上就一目了然，而且作為運動員的職業生涯通常到三十五歲就終結了。但並沒有固定不變的規則。有雄心抱負的人不會拘泥於什麼五年規畫，他們會接受發展的過程，盡情發揮他們的才能。

迷思四：

阿諛奉承、逢迎諂媚就能加快晉升的腳步

這個迷思要說的是：

「我對正面言論持疑，因為我認為那是不正直的做法。」

尊重、欣賞、公平的機會、良好的合作與自我表達，都是企業希望落實的條件。這是企業不斷推動的「新工作」（New Work）流程，即便他們尚未做到。許多人喜歡在任職的公司工作，是因為他們在那裡覺得舒適、被接納、得到鼓勵與支持。當內在動機得到支持時，人就知道自己處於正確的位置、被看到並得到重視。當然，也有人認為，許多人得到晉升是因為平易近人的言行舉止（無論是出於真誠，或只是策略性為之），並非因為他們的能力。更不想看到，其他人工作不太努力，卻只是因為說話

奉承，以及說別人想聽的話就能在事業上平步青雲。

心存疑慮的人，眼裡看到那些職場上得到晉升的人的行為都是「曲意逢迎」、「唯命是從」和「阿諛奉承」。對許多人來說，對於操控的不信任是如此深刻與根深蒂固，使得他們始終對親切的行為表現抱持懷疑的態度。他們會不斷檢視同事的行為和說詞是否真實，而且在得到上級主管的稱讚和肯定時，往往會表現出極為敏感的反應。

阿諛奉承是會沉重打擊正義感的欺騙行為。在以幽默的行為或不正當手段牟取利益之間，只有一線之隔。以操控手段得逞的人，或身為主管允許阿諛奉承的事發生，就背離了良好共存與共事的共識。這會嚴重傷害到認定的價值觀，使得團隊成員變得消極頹喪，並在聽到對於公司文化的正面說法時，只覺得可笑。特別是，如果這家公司的企業文化又強調「真誠」、提倡客觀的考績和績效評比，並布達了分工明確的管理方針。

然而，即使企業想做正確的事，有時也可能做錯。例如，他們讓分支機構構思聽起來不錯，但實際上脫離現實的宣傳標語，目的純粹只是為了塑造對外的代表性形象。結果，整個部門為此忙碌幾個月，最後得出：「招聘並培育最優秀人才」、「當責」、「真我領導力」、「績效有回報」等口號。然後……什麼效果都沒有。即便有最良善的意圖，信任還是因此破壞了。

讓這個職涯迷思得以成長茁壯的是對公司的公平性要求懷抱不切實際的幻想：「在我們公司，有績效就會有回報」、「我們的主管在考績和晉升上可以做到完全客觀評判」、「最好的人才就能繼續往上爬」、「在我們這裡，主觀偏見和主觀判斷現在已經是不可能發生的事了」、「我們處事公正理性」、「我們只關心員工和公司的福利」等。這樣的組織並不存在，更別說這麼白紙黑字地把提倡公平性的想法，寫進公司的共事、文化沿革和管理制度等規章中。

成功和改革都是直接發生在實務運作裡，從來都不在管理規範中。學到新事物、新發明變成專利、董事會對市場做出反應、區域負責人有想法、團隊爭取到客戶、疫情徹底改變了工作型態、某些行業消失、新產業崛起。才不過幾年內，多數工作都發生了顛覆性的改變。

對公平正義的渴望

長期以來，為了成功，一家公司所建立的制度和做法已經定義了管理風格或對員工的要求。但是難免出現混亂的情況，因為有時主事者也可能因為自身的疏忽，而違反了正在宣導的事項。他們一下子決定這樣做、一下子又決定那樣做，看起來前後不一又難以捉摸。由此，就能理解一般人對「諂媚逢迎、阿諛奉承」如此抗拒的原因。如果有人「為所欲為」，並且「就這樣」得到好處，那麼自己在為公司效力時就會感到喪氣。

不僅是公司期望能力與績效可以有公平對待，那些對工作懷有抱負並達到良好成效的人，也希望因此得到肯定和獎勵。然而，知識工作者的績效大多無法客觀衡量，或是難以將成果明確地歸功於某人或團隊。「判斷失誤」的例子在績效考核中不勝枚舉，這些失誤通常是因為個人好惡所犯下的。比如，必須遵守考績規定的主管，因為一時的情緒做出主觀的決策，事後再以數據或現實情況加以合理化。造成誤判的原因，可能是因為所使用的標準缺乏觀測數據、對執行的任務和情況了解不夠、進行考核的人缺乏自我溝通、自視過高或低估自己，或是沒有把人放在對的地方，也可能被交付的根本就是不可能的任務，或是根本不了解流程等。

雖然公司會試著用關鍵績效指標（KPI），也就是將指標數據化用以進行客觀評估，例如在行銷過程中產生的潛在客源線索（地址、推薦等）、銷售數量或諸如此類的資訊作為評估標準，但這些也可能發生錯誤：一位銷售員目前的營業額可能低於平均值，但之後可能因為努力工作使得業績翻倍成長；或是，在不計入這位銷售員業績的情況下，他所屬的團隊可能創下高營業額的紀錄；也有可能，當下的經濟景氣才是造成業績不佳的原因，並非他能力不足。不確定性和矛盾無處不在——而這，不過是社會體制下的家常便飯。

追求事實和真性情固然對個人的身分認同來說極其可貴，卻也並非發展職業生涯的概念。即便你因為追求真理和智慧在社交網路上贏得許多掌聲，你並不會因此得到上級主管的賞識。況且，所謂的真相真的存在嗎？我們看向世界、社會、企業的每個視角，都是經由不同的個人經驗塑造起來的。在社會體制中，數據和事實也可能被假設、偏好、立場、成見和理想覆蓋。[24]所有決策都來自於這種情緒的混合體，企業決策也是。對客觀公平的幻想於是導致雙重標準：包含許多統計資訊和評估措施的官方

24 彼得・柏格（Peter L. Berger）與湯姆斯・樂格曼（Thomas Luckmann）兩位學者曾在六十年前合著的著作中，對此提出精闢的見解。參見：Berger, Peter L. & Luckmann, Thomas: *Die gesellschaftliche Konstruktion der Wirklichkeit: Eine Theorie der Wissenssoziologie*, 19. Auflage, Fischer, Frankfurt am Main, 2003.
同時可參閱：Watzlawick, Paul: *Wie wirklich ist die Wirklichkeit?: Wahn, Tauschung, Verstehen*, Broschur, Piper, München, 2021. 順此一提，保羅・瓦茲拉威克（Paul Watzlawick）被認為是哲學流派激進建構主義（Radikaler Konstruktivismus）的共同創始人。

標準，以及以親近程度、好感度和對職涯發展有用的溝通為目的的經驗式標準。對「公平正義」的正面渴望，被矛盾的情緒、公司的期許、把所有事都做對做好的想法，還有各種不切實際的幻想佔據。這樣就無法順利進行客觀判斷，因為每個企業實境中的模糊與不確定空間都被否定了。只要遇到艱鉅的任務或需要與人打交道的情況，這時的能力表現就會與人的性格畫上等號。

當製造處處長克勞斯在紛亂的股東大會後，給他的老闆、公司的董事長的卡片上寫了以下內容，就是克勞斯在模糊與不確定條件下，將他對這份工作的抱負概念化的例子：「藝珍，妳好，妳上週的公開談話內容非常精彩。我很欣賞妳為研發和製造部門間的合作訂下了清晰又嚴謹的目標。」雖然克勞斯常覺得藝珍是個難相處、事必親躬的老闆，但他的稱讚也並非違心之論。一開始，克勞斯覺得自己常要工作到深夜，從沒得到上司的表揚，現在卻反過來肯定上司的發言內容並不合適。現在他卻下定決心，跳出自己的陰影，主動爭取自己職涯發展的機會。他展現出自己就事論事和願意遞出善意的個性。雖然這麼做的結果尚未可知，但可以確定的是：如果他意見不一致的情況下找不到求同存異的方法，他就無法在職涯發展上施展抱負。

個性之於公司、部門、上級主管的既有文化，只有適合與不適合。而你有責任去認識並決定要如何面對這些文化。你可以順應或改變現有情況，或是離開這個體制。能夠在自己的領域、專業範圍內，輕鬆、無拘無束地活動，是職涯發展的先決條件。

讓人看到你的真實樣貌、受到重視，並以你認定的公平標準對待你，是一種對生存的期許，甚至是一種迫切的需要。然而，作為對他人的要求，卻是一種難以實現而幼稚的幻想。但如果你願意努力，肯定和尊重別人也有受到重視的期待；如果你能以自律和自我勝任感取代內心的叛逆，就能誘發正向的共鳴迴路（更多內容請見第六個迷思），並親身體驗到你期待的正面情境與渴望已久的重視。

這個迷思如何和你內心的抗拒感聯合起來，阻礙你的職涯發展：

「說恭維話很尷尬，我才不會跟著做這種巧言令色的行為呢！」

為什麼會有這種情況呢？明明這樣做能讓全世界的人感到暖心，同時又有潛力，可以長期改變行為和觀念，甚至可說是管理上的真正靈丹妙藥，為何遭到這樣的抹黑呢？難道稱讚別人是一件很難做到的事，而且很容易出差錯？或者，稱讚別人根本是一種太過複雜的能力嗎？

讚美他人之所以不被看好是因為……

- 大多是虛情假意，比批評的內容還不可信
- 和批評一樣，無法改善產品與製程
- 讓人失去動力
- 讓人覺得是上對下的行為、是有階級性的
- 引發人聯想到獎勵或加薪等要求的想法
- 工作真正的動力從來不是來自讚美，而是發自內心

讚美會激起不同的情緒，也因為稱讚別人時用的語言常顯得笨拙。總是認為說話讚美上級是虛偽和算計行為的人，是無法融入公司的社交結構的。和客戶一樣，上級主管不僅會希望，也需要被人鼓勵、稱讚和重視。只是，許多人的內心對於這種需求非常抗拒。如此阿諛奉承到底有什麼好處呢？社會體制中的意義空間是共同發展出來的：我們如何看待自己？我們如何看待公司及其內部關係？我們的目的是什麼？歸屬

感應該是什麼樣子？我們想在這個體制中扮演什麼角色？公司裡的所有人都需要不斷正式或非正式地思考這些問題。

對自己任職公司的基本認同是發展職涯的先決條件。

劃清界線與認同之間

人不斷在矛盾中活動。有人以某種方式看世界，就有人以另一種方式看世界。總是認為公司不公平，並因此無法認同公司的人，就不會把自己視為身處其中的積極角色；總是覺得行動、決定和營造氛圍，這些事由別人來做就好。於是，這樣的人整天游移在劃清界線與認同之間、在無數狀況和流程之間。幾百個大方向的決策組成一天、一週、一年：我們應該休息一下嗎？今天我們和誰喝了茶？電子郵件應該發送副本給同事嗎？得到指點時，表示感謝了嗎？或者，應該提醒某人，他的想法有些過時了呢？今天有個團隊成員碰面時沒跟我打招呼，我該怎麼理解他的行為呢？他是真沒看到，還是故意當作沒看到的？他提出的批評是什麼意思——到底是想幫忙？還是只是想貶低我？我們可以決定自己要如何看待和理解他人的言論和行為。如果我們做出的反應是劃清界線、批判、譴責、檢討、不感恩、不重視，就會影響到我們的職涯發展。如果自認沒有創造力、自覺沒有影響力，其他人也會這樣看待你這個人：無能。

克勞斯希望自己的事業能繼續向上發展，但同時他內心的抗拒感也很強烈。他問自己：

- 「如果我自己從來沒有被人稱讚過，我卻要讚美別人，這樣公平嗎？」
- 「稱讚一個付出比別人少的人，公平嗎？」
- 「別人會不會有點尷尬？畢竟讚美在我們的周遭並不常發生。」
- 「這不是把我自己擺在被稱讚的人之上的位置了嗎？」
- 「這樣做會不會讓我把姿態擺得太低了？」
- 「我的讚美對別人有意義嗎？」
- 「如果稱讚後，才發現是謊言怎麼辦？」
- 「工作本身的樂趣不是應該就自帶肯定了嗎？」
- 「評判別人的才幹，即使說的是正面的讚賞，但會不會顯得太狂妄自大了？」
- 「更何況，我還想以一己之力獨立完成這次任務。」

克勞斯有想法、有熱情。他大可讓別人掌控一切，再做出消極的回應。但他也可以表現得大方、積極、坦蕩。最後他選擇了後者。那麼，結果呢？克勞斯的主管開心地接受他真誠的讚美，還請克勞斯對自己規畫的所有製程整改計畫提出看法。

透過角色靈活度做出適當反應

覺得自己受到不公平對待時，除了感到受辱、氣憤外，還可以用更多其他心態面對。例如：

- **好奇**：「喔！真有趣！好刺激！」
- **體驗實驗的樂趣**：「也許我也來試試看……」
- **求知若渴**；「說不定我能從中學到什麼新東西？何樂不為！」
- **中立**：「那和我一點關係也沒有。我只要繼續保持親切的態度和釋出善意就好。」
- **輕鬆以對**：「我剛好對截然不同的事物感興趣，而且正好是……」
- **無動於衷**：「完全不知道那是什麼意思，反正我也不感興趣。」

能在自己所扮演的各種角色之間切換越靈活，就越能自己決定要做出怎樣的反應。這樣的人手裡握著各種各樣的腳本：一下子是敏感的、帶有疑惑的、順從的，一下子是漠不關心，一下子又是親切、熱情，有時又什麼都不是。他們處於一個自在的境界，隨時有「好」、「不好」、「隨便」、「我試試」、「哇！太好玩了！」等不同的反應。他們很少會有感到社交恐懼的時候，而且角色多變——有時是同事、客戶、接著又是顧問或老闆。他們呵護自己這種靈活的心態。他們不會堅持己見，既會犯錯、改變觀點，也會道歉爾後從中有所學習，並且總是樂於接受新體驗。與成功人士的日常能帶來的啟發完全不同，他們當然也會有堅定和果決的時候，但不是作為社會的一份子，而是在他們所扮演的角色與功能中。

讚美的前提是，能夠將他人理想化。能以正向的態度對待他人並不容易，尤其可能正巧是那些被指為行事不公的人。為了做到這一點，自我就必須捨棄（嘗試過，但總是令人失望的）「我就是正義」的態度。反對這種做法的人會駁斥：「不，我才不是那樣的人。我不做阿諛諂媚的事，也不隨波逐流。」但是，想在職涯發展上更上一層樓，就需要能在所扮演的多重角色中靈活切換。

對於總是認為自己是對的、只是展現真性情和追求公平的心理來說，覺察到自己的防衛模式是極大的壓力。

難相處的總是別人。要意識到自己有時對別人來說很難相處，就需要認真傾聽、自我反省以及對他人感同身受的能力。「主動與對方接觸，也就是真正想要理解對方想法的意願，需要付出努力。」[25]畢竟，激憤地抵抗是更容易的事。「因為：據神經科學研究，說話通常會讓人……感到興奮。尤其是人在講到自己時，啟動的腦區與進食、贏錢或做愛時活躍的腦區接近。罵人的行為和腦內啡的釋放有聯動關係。總之，發洩情緒，可以讓人心情愉快。」[26]

社交界線

有時候，人感受到需要在職場上得到肯定和歸屬感的渴望，卻隨即被自己的（即便有時微乎其微）界線反應破壞了。米克做事勤快又可靠，但同時他也長期處於過勞狀態，因為所有人都把自己覺得最難做的工作丟給他來做。

- 「米克，一起來喝杯咖啡嗎？」——「喔！就不用了。我已經喝過兩杯了。」
- 「嗨！米克，我們要一起來看看，怎樣排出我們兩人互為職務代理的時間

---

25 Sann, Uli & Unger, Frank: *"Pandemiese Umgangsformen"*, Die ZEIT, Nr. 18, 28.04.2022, S. 11

26 同上。

嗎？」——「晚點吧！我現在剛好沒空。」

- 「嗨！米克，我要統計喬瑟法慶祝會上要送給他的賀禮清單。」——「我已經把禮物給他了。」

許多忙碌的人常隨口說出這樣的回應，慢慢地就不再收到任何邀請了。米克很快就察覺到不公平的現象，而且什麼情況都有：「我又被排除在外了。」

「沒有時間」、「工作很多」、「我已經知道了」、「我已經做了」——諸如此類的話很容易說出口，而且常也是事實。儘管如此，這可能損害到你職涯發展的社交局限。當劃清界線成為你職場生活的習慣，其他人當然就會在沒有你的情況下聚在一起、閒聊、表決和慶祝。如此一來，別人就看不到你的善意，你的正面回應和想融入環境的努力也會被斷然拒絕。「這樣的人已經敗在自己消極的態度了。」或者，這些人的自尊讓他們以一種炫耀的方式將自己的態度解釋為：「反正我就是這樣。」正是這種態度，讓許多人即使面對所有門都對他敞開的情況下，也感受不到歸屬感。這也是為何許多在專業領域表現出色的人，會讓人覺得難相處，是他們在事業上難以更上一層樓的原因。由於每一句善意的話都被他們視為刻意討好，對上級主管的做法表示認同，都被他們視為是應聲蟲的行為。

「我們反對上級的做法」這樣的想法會讓同事間的相處變得費力，職業生涯也會陷入僵局。許多言論只是情緒上防衛性的表達，沒有實質道理可言。對於阿諛奉承觀感的表達也是如此，目的只是想表達道德優越感，卻直接導致孤立的局面。

矛盾的集體判斷

許多人對職涯發展抱持矛盾的集體判斷：認為自信、成功的個性會受到讚賞，「汲汲營營地乞求成功的人」則會被拒絕。通往頂端的路，充其量只有在事後回看時才會得到讚揚。由此可知，從歷史的角度看來，晉升篩選是一種新現象，而且仍舊受到懷疑。因為「汲汲營營的人」並非來自菁英階層，而是以「暴發戶」的姿態在職場上為自己謀求到晉升的機會。

社交焦慮也會和內心的抗拒感聯合起來，而可能使得自在相處的氛圍變成難以克服的障礙。在一家知名公司承認自己能力不足，會在情緒上帶來很大的壓力。「我可以說出這樣的讚美嗎？會不會不適當？會說得太吝嗇、還是稱讚得太言過其實？或者，我的表達可能顯得太平凡無奇嗎？我的善意讓人感受得到真誠嗎？尤其是對身為女性的我而言，表現得嚴肅點、表達批判性觀點，會不會讓我顯得更有能力？我的讚美會不會讓人誤會我在和他調情？」人往往對自己隱藏起這些社交焦慮，反而貶斥那些臉上總是掛著微笑的人，不斷以猜忌的眼光檢視他們。無論是在成功經理人、自由業從業人員、學者、藝術家或媒體創作人士組成的專業社團中，這種疏離感都會導致分裂行為，並進一步讓彼此漸行漸遠。於是，就會有人想要給人留下深刻印象，以證明其他人做得不夠好，而且到目前為止都做錯了——尤其是那些上級主管、老闆、意見領袖和企業家。如此一來，「阿諛奉承、逢迎諂媚」的迷思就和「上面那些人都是唯我獨尊的自戀狂」（見第一個迷思）這個迷思結合起來了。那些關於賈伯斯或其他大人物不好相處的街談巷議，或是傳說這些知名人物即便行為不當也能非常成功的軼聞，其實都阻礙了職業生涯的順利發展。對此，賈伯斯在人生快要畫下句點前，也反省了自己，醒悟自己的行為有多分歧、多無禮，並為自己過去的行為不當感到後悔。

你的職涯策略：認清你的立場

克勞斯從中學到新東西。首先，他認為主管真的做得好的事，給出誠心的讚美，並且對於得到回應不抱太大希望。這期間，兩人溝通的頻率增加了。他的自律帶來良好動機，也助長他的好奇心。他現在知道，在社會體制中無法讓每個人都得到公平對待，就算是他自己也做不到，公平對待所有人。因此，他不再問別人是否會喜歡自己的稱讚，或是自己的讚美是否合適。相反地，他試著讚美別人。他真誠地讚賞別人的成就，而且大多能得到正面回應。到現在為止，他還沒遇到有人認為他的讚美或恭維太過誇大的情況。

此外，克勞斯也了解到：如果每次讚美都被駁斥、每次恭維都被恥笑、每次親切的道謝都被譏諷，在這樣的氛圍下，如何能培養出自信、成功意識和積極專注的心流狀態呢？如何提振高效率和職涯發展呢？對自己的肯定和欣賞又該從何而來呢？他無法阻止不公平的事情發生，也無法讓自己不遇到難相處的人。但現在他知道，無論是成功或失敗，一切都得從自己開始。他改變了看法，從現在開始，他的目的都帶有善意。

成功的人就是以這樣的行為模式，讓別人以正面的態度接納他們的職涯抱負：作為朋友或身為客人，像對待岳父母一樣關心別人；讚美別人像稱讚家中的學童一樣；說出恭維的話，就像置身院子草地上的聚會中一般輕鬆自在；時不時提到對方做得好的事，就像在求職面試或接洽客戶的場合一樣。成功人士的生活和晉升之路都很簡單。他們不會花太多時間去思索，周遭的人如何感受他們親切的對待，以及可能要因此承擔哪些後果，比如招來嫉妒、反感，或是別人怎麼看待他們。他們接受別人的成功而不嫉妒，堅守自己的立場和目標，並且在任何情況下，都始終如一地扮演好懷抱善意抱負的職場角色。他們堅持這樣做，因為如果不這麼做就會讓他們的生活變得太複雜。

反省自己的行為

你不信任和排斥正向共鳴的背後，可能隱藏了什麼原因呢？你是否曾經因為稱讚了某人、幫了某人、融入群體或對人親切和氣時，得到的卻是不愉快的經驗呢？你是否太過關注壞主管，而忽略了那些曾向你遞來橄欖枝、提拔你、稱讚你、給過你機會或是曾經透露重要資訊給你的人呢？你留意到這些善意了嗎？你是否不曾表達過謝意，而因此不再聽到這些人的消息呢？你是否曾經在內心看不起他們的善意和提拔，還想著：「那本來就是他們的職責範圍內該做的事」、「反正他做那些事也是領了薪水的」、「是他自己不能去，才推我來參加這個活動的」等。

文森的膝蓋做了手術，還躺在醫院時，收到上司寄來一張慰問的卡片。但他想：「他當然要給我寫卡片啊！他就是想確認我哪時能盡快回辦公室上班。」然而，在他學會如何認清善意，並將其用在自己的職涯發展上之後，他明白：「我的上司之所以這麼成功，是因為不論是否別有用心，他都會將對人的讚賞表達出來。」於是，文森現在也做相同的事。

檢視一下你的「正義感」：做錯事的真有其人嗎？你真的只是一個束手無策的受害者嗎？你又給了你的上司多少公平和尊重？從你的新角度去認清，要在職場日常中履行公平的行事原則是多麼困難的一件事。體會你的上級主管和公司都已經為你盡了最大的努力，打造一個「公平對待所有人能力的體制」，卻不可避免地無法滿足所有人的期待，並培養一家公司內有不同利益存在的感受能力。偶爾也設身處地站在高層的立場思考，感受一下他們的處境充滿矛盾和責任。

克勞斯為老闆藝珍製作要呈現給投資人的簡報時，他總是勤謹地要求內容要做到全部正確、專業和誠信。過去克勞斯曾為此和藝珍有過幾次爭執，他認定作為自己老闆的藝珍能力不足。因為，他覺得藝珍屢次糟蹋了他在簡報中展現出來的精彩邏輯。而如今他明白：沒有所謂正確的簡報方式。現在他會盡力，讓他的老闆在投資人眼中看起來很厲害；克勞斯會問自己：「我可以為我的老闆做什麼？專業知識外，還有哪些方面也很重要？」克勞斯得到的結論是：

- 為了讓主管可以記住每位投資人的姓名和關注的議題，以便說動投資方，克勞斯主動為主管做筆記，記錄下這些資訊。
- 每次簡報，克勞斯都會準備一份精簡版本和一份較為詳盡的版本，以便主管如果遇到只有很短時間做簡報的情況時，可以隨時取用。
- 為了讓主管呈現出輕鬆有趣的簡報，克勞斯會和主管一起討論並提出自己的想法。
- 在主管需要向投資人表達讚賞之意時，克勞斯也會適時給出建議。

但這還不夠。身為董事長的藝珍，她面對的真實情況到底如何呢？她必須要對得起並尊重每位在場人士，還要讓她的同僚看起來都很厲害。對於批評，她只能置若罔聞或是默默收下，同時還要滿足所有人對她的期待。對此，公關部部長提醒過藝珍：絕對不能傳達任何負面資訊，公司也不能對外透露任何內部謠言或衝突的消息。人事部主管也非常希望在下次會議中，看到一位新進的年輕高階主管的簡報，希望這位新進主管可以藉此累積經驗。藝珍的另一位同事——公司的財務長和其中一位投資人有親戚關係（特別注意：是岳父！），因此他也想在會議中塑造出讓人無法忽視的形象。所以，財務長特別注意，是否能在藝珍的簡報中找到任何數據上的小失誤，好讓他可以在現場義正嚴詞地指正藝珍，諸如此類。

這就是主管藝珍所處的真實情況——除此之外，她還要面對那位高大體壯、什麼都要批評上幾句話的德國人克勞斯。幸好，最近情況有所不同了。

變得有個性

信任是引起共鳴的過程。意思是說，你相信所有人都會全力以赴，而你得到的回應就是別人對你的信任。你職業生涯的發展需要很多對你心存善意的人。觸發這種善意的氛圍，便是你成就事業要做的其中一件事：

- 你希望自己的能力得到肯定嗎？那麼就去肯定他人的表現、認可別人的能力，承認團隊裡的每位成員都為公司做出了珍貴的貢獻。
- 以不帶偏見的眼光看待你的同事、主管、公司股東、董事會成員、運營高層和投資人。想想他們決策的背後都有哪些正面的動機？

- 展現出你的興趣，向他們提出問題：「你這個專案目前進行得如何？」、「什麼原因讓你願意為我們公司效力？」、「在你看來，你認為我們公司目前最迫切需要的是什麼？」、「你好嗎？」這樣你就可以得到一些新的見聞，而你的猜想會轉化成興趣、理解，乃至於最後變成欽佩。
- 稱讚別人一些你真的覺得對方做得好、對方也引以為傲，且喜歡聽人談起的事。稱讚的內容越具體、越有成就，你的讚美就越有效力。如果你在稱讚別人方面還是個生手，也不用感到太驚訝：如果讚賞表達在對的點上，溢美之詞永遠不嫌多。畢竟，你並沒有說謊。你只是說出正面、積極的事實，隱而不提那些做得不好的地方而已。
- 人們朝著讚美別人的方向改變自己的行為，而不是往批評的反方向行動。因為批評往往微妙地牽扯到切割關係、辯解、反擊或消極退縮的態度。
- 承上，反之，讚美代表主動去拉近與人的關係。
- 對於不在場人士也要表示嘉許之意，並具體說出他們的貢獻。這樣做，讓你展現親和力，也會拉近與人的距離。

以讚美來掌控行為

批評被視為有正當性、正義感和公民義務：「這非說出來不可！」畢竟，自己知道的是事實。提出批評的人，往往也只是出於好意。他們的目的是希望事情有所改善。可惜批評無法激勵人心，相反地：即使在批評中提出明確要求的情況下，還是會讓人覺得受到侮辱，並且久久難以釋懷。於是，腦子裡不停琢磨、吟唱著為自己的行為辯護的詠嘆調、想像別人犯錯的場景、上演發誓自己行得端坐得正的戲碼、構思復仇計畫等。於是，整個腦子忙碌不堪。這種情況有時還會持續很久，而且批評越多，對峙的雙方就會更加自以為是。如此一來，就沒有好奇、想像、觀點、勇氣、包容、智慧、遠見和澄清的餘地了。直到停頓或被動的地步，安靜離職的現象就是這樣發生的。

即使只是目睹了批評現場，並非受到批評的當事人，也會引發不愉快的感受：防衛、尷尬、生氣，有時甚至感到羞恥。反之，如果有人受到稱讚，在場所有人都會感到心情愉快，隨之而來的是更多肯定和讚美。因此，稱讚別人一定要有具體內容。如果以正確的方式讚美別人，也為某事該以何種方式完成，提供了最佳的執行方向。

相反地，如果是不實或似是而非的稱讚，換來不信任也就可以理解了。以下是幾個例子：

- **帶有讓人做事意味的稱讚**：「上次我們的聚會時，沒有人提出比你更棒的想法了。那麼，這次就請你再提出一個精彩的企畫吧！」
- **帶有批評意味的讚美**：「你的團隊真的讓你帶得很好。只是，上個星期的產出沒有達到應有的水準。不過這個星期就很好了！」
- **帶有貶低意味的稱讚**：「對一位女性來說，真的是很好的表現了！」
- **稱讚的事項非常平庸**：「太佩服你了！你恰到好處地重現了前幾次的成果。」
- **聽起來像是羞辱人的讚美**：「謝謝你啊！可以把我的想法用這麼簡單的語言表達出來。」
- **聽起來像批評的稱讚**：「你今天做得還真是好啊！」

你可以換一種說法：

- **對人對事而直接**：當稱讚的內容直接指向被稱讚的人或團體所做出的具體成

就或行為時，這樣才是有效的稱讚。而且，稱讚的內容越精確越好。

- **只提到正面的事項**：與過去、其他人、表現更好的人相比較，都會讓讚美失去光彩。同理，讚美裡面隱含批評或貶低意味也是如此。
- **立即性的表揚更好**：及時表達出讚賞，可以更凸顯受到讚賞行為的特別之處。
- **沒有別有用心**：讚美就是讚美，不隱含任何請求或要求的意圖。
- **選擇性真實**：不說謊，只挑好的表現和強調特別出色的成就來說就好。
- **使用凸顯優點的語言**：稱讚人時用平實或順理成章的話來說固然無傷大雅，但讚美的語言應該讓受到讚美的人聽起來也覺得自己很棒。
- **使用推崇備至的語言**：對年度最佳監委會主席、總編輯、委員會主席或企業家要使用能與他們的成就相輝映的好詞，例如「劃時代意義」、「楷模」、「首屈一指」、「偉大」、「精彩卓越」等，都是適合這些場合的用語。

如果你現在想著：「那麼，誰來稱讚我呢？」就從你稱讚別人開始吧！你會感受到，你以此為迎向讚美和欣賞敞開了大門。

看到你自己的重要性

當我們放眼全球、環顧來自世界各地的挑戰、看到全球企業和機構都在轉型，於是我們就知道：無論是團體或個體行動中能夠帶來不同的是每個單一個體。當所有人都感受到無須比較（因為每個人都是獨一無二、無法相互比較的！）就能受到尊重時，那種團結一致的暢快氛圍就會在人與人之間散布開來。他們會更強烈地感受到自己的內在動機，是否願意順應改變、是否願意奉獻出自己的才華和能力，都和讚美脫不了關係。也就是說，讚美可以讓人全力以赴。

讚美是世界通行的語言、是一種利社會行為（prosoziales Verhalten），有互惠互利的效果，對於給出稱讚的人也會帶來正面的影響。即便遭到阻撓，讚美也是一帖良方妙藥。

無論性別是男是女，主管都是人，不是演算法。

通往團結和信任的道路是發現和肯定共同點，並且能在一起歡笑。當人們因為相互給出正面的訊號而變得更親切友好，依附荷爾蒙（Bindungshormone）的協力作用就會進入下一個階段。於是，人會互相激勵、共度美好時光。他們互相扶持，共同跨越限制和阻力，一起克服阻礙、不幸和挫折。成功在這裡得以茁壯成長，他們的職涯發展也是。

職場上，語言溝通的內容最多只有十成是有意義的。九成是歸屬感或劃出界線的訊號，即便是在討論專業內容時也是如此。澄清、評估、客觀化或分析某事——在單純專業領域的討論中，只要所有人意見一致，短時間內成效很好。但對你的職涯發展順利與否，卻並非良好的做法。更重要的是，如何給出歸屬感訊號，讓人感到安心並確保共同點。比如：「我們的看法完全一致，畢竟我們是一個團隊嘛！」或是「我們的看法雖然如此不同，但這也是因為我們都想為公司找到最好的解決方案。」請將他人理想化。在別人身上看到，你希望他們在你身上看到的東西。

迷思五：

職涯規畫都是公司的事

這個迷思要說的是：

「職涯發展？我才不用擔心呢？反正公司會知道怎麼做對我有利。」

這種說法會一直存在是因為多數人都做不到，就認為想要發展自己的職業生涯沒有意義。於是，這種迷思便延續至今。由經濟史的觀點來看，長期以來社會早就預定了誰可以走上通往高層的路。在一九八〇年代，也就是才大約四十年前，在傳統上，掌管德國企業的都是企業家或貴族後代、上層中產階級的子嗣和卸任的政治界高層或高級軍事將領。菁英研究學者米夏爾・哈特曼（Michael Hartmann）的研究指出，一九九〇年代的德國高階管理人（當時還沒有女性高階管理人的概念）幾乎全數來自上層階級。[27]其他階層的人，只能在非常受限的範圍內施展個人抱負。比如低階公務人員，再努力頂多也只能爬到中階公務人員的位置。因此，一個普通家庭出身的工程師，學生時代在洪內夫模式（Honnefer Modell，早期德國的助學貸款制度）的助力下，即便得以進入大學就讀，頂多也只能成為總工程師、辦公室主管或研究室主任。如今有真正的晉升機會，還能有些實質影響力、可以將自己的職涯發展掌控在自己手中，要歸功於一九六〇年代的反威權運動，以及緊隨其後，在政治、社會和經濟上的一系列體制文化改革。這一連串的運動和改革為「底層」、「邊緣族群」、女性和非主流族群帶來更多平等的機會。企業界——尤其在人事管理方面——採納了參與和共同決策的理念，做了突破性的改革。由於這些企業開發和採用了「客觀」的考試、人事評鑑中心、能力分析、內部培訓課程和協助職涯發展規畫等措施，讓他們得以不論出身，首次將視線聚焦在個人的才華發展上。

過去幾十年來，這項改革工作確實功績顯著，而且頗見成效。然而發展到後來，由於法規的嚴格控管，已經出現過猶不及的現象，不僅出現了反效果，甚至阻礙了進

27 Hartmann, Michael: *Topmanager: Die Rekrutierung einer Elite*, Campus, Frankfurt am Main, 1996.

步。這些措施約束了人的發展、對施展才能造成阻礙，並遏止人才揮灑出最佳表現。慢慢地，另一種發展趨勢嶄露頭角，那就是探索有個性、獨特的抱負，而且在激勵人施展這些理想抱負的同時，也鼓勵人獨立行動。[28]「新工作」概念的出現更加速了這個過程。

埃恩納在斯德哥爾摩的大學讀了建築學和能源經濟學。近日，他向一家以營建大型廠房為主要業務的國際公司投遞履歷。出於想在職場上有一番表現，他向初選面試官艾莉卡請教，他在這家公司有哪些發展機會。

由於這家公司制定了精確的晉升制度，並繪製成彩色的組織架構圖，艾莉卡很快便能解答這個問題。圖表上，幾條向上的線條分別指向許多框框和圓圈：「迎新活動」、「基礎課程一：認識企業文化」、「基礎課程二：永續經營」……一直到「基礎課程十：第一個管理任務」。同樣的內容還有英文版和西班牙文版本。此外，還有房地產知識、專案管理、建築師企管培訓、溝通技巧、團隊合作、管理須知等多種培訓內容的規畫。這一連串介紹，讓埃恩納對這家公司留下印象深刻。

28 更詳盡內容請參照：Assig, Dorothea & Echter, Dorothee: *Freiheit fur Manager*, Campus, Frankfurt am Main, 2018. Kestel, Christina: *"Wie viel Karriere passt zu mir?"*, Harvard Business Manager, September 2021, S. 18–23

埃恩納相信，自己現在完全可以專注於自己的熱情所在：為大型工程建置過程中的永續性發展奉獻心力。畢竟，他的職涯晉升之路已經被規畫好了——這是公司的承諾和推出的企業形象。然而，專業人力的短缺加劇了晉升承諾的競爭，使得晉升機會在許多因素下無法兌現承諾。施展抱負的決心縱使還在，但隨著新任執行長上台、產業危機的出現，或發生其他預期之外的狀況。新人事主管就任後，隨之推出新的職涯發展規畫方案。即便如此，這個迷思依舊有很多信徒。

企業組織網羅最好的人才，並願意栽培他們。為了實現這些美好的規畫，也在公司內部啟用了龐大的顧問團隊，甚至從外面找來更大的顧問群。耗費鉅資以保障員工得到最好的成長機會，且員工們的職涯可以有活力地向上發展。至少，規畫是這樣，可惜實際上行不通。

專業上的培訓課程是一種產業。要在公司內部大規模提供此類培訓措施，最保險的方式是將這項任務委託給知名的培訓公司。這樣一來，萬一培訓成效不彰，事後都不會受到指責；或指派一些一直被訓練「以公司的利益為前提」行事的人，也就是合夥人或有親屬關係的人；或者，公司撙節成本，想以「內部資源」完成所有培訓工作，而要求內部專家優先致力於達到公司的既定目標，以及盡到他們的管理職責，而不是費心在員工的職涯發展上。這也就是說，所有的措施都是為了公司的利益著想。只是有時，公司的內部會議以參與為重，而淪為單純的聊天場合，甚至會忘了所有的措施都是以公司的利益為前提這一點。前提是：只要不是涉及縮減人力編制或公司遷址到另一個城市之類的衝突議題；只要沒有安排個別董事會成員上台說話，因為購併談判目前還一切祕密進行中；只要不要有實質內容，因為——哦！還能有什麼實質內容呢？反正一切隨時都在變化……最好安排諧星來表演、有機智問答活動或比賽節目、眾星匯聚、進行一些科技性的小表演或發禮物。這樣好歹眾人回家後還能跟家人說道一番。然而，這樣做無論對公司發展或個人前途都不能引發相關思考。

不論自願或或義務性質，企業提供員工許多機會，進行天賦和能力評估、進修、培訓或專業與個人發展規畫。進入中階管理層後，員工得以參加在精彩的觀光勝地舉辦的國際會議，或為期數天的研討會。而且，公司高層還會在「爐邊之夜」聚會中現身，接受眾人的仰慕和恭維。資深主管被派到瑞士風光明媚的聖加崙、英國倫敦或美國波士頓，日以繼夜、不眠不休地與來自世界各地、具有類似資歷的與會者進行小組會議，研討棘手的案例——大家都認為，這樣做是為了承擔更多責任，也是可以進入一個小型國際社交圈的機會。由於在這些高階主管訓練營裡，眾人都承受了工作壓力的共同體驗，社交網絡效應於焉形成。於是，訓練營參與者繼續相信，他們的職涯規畫受到公司最好的安排，從此也更放心地交出自身職涯發展的掌控權。在眾多頂尖人才中，只有極少數人能達到金字塔的頂端——從長遠來看，能有此成就的關鍵並非董事會高層或執行工作的過程，而是取決於個別有抱負的人才自身及其行為與習慣。

對公司最好的，不一定對你最好

沒有人應該感到失望、失去動力——這並非主事者的意圖。他們的本意是好的，他們希望公司的期許和個人的職涯抱負可以結合起來。問題就在於：公司的目標大家都知道，也赤裸裸地呈現在所有人面前，但個人的職涯抱負卻非如此。在職培訓和小獎勵的目的在鼓勵員工留下在原本的公司，這也是舉辦公司內部研討會的目的。於是就會發生員工被困在原來的職位上，只因他們被公司認為是坐在這個位置上的理想人選。

年輕有為的銷售部經理希維歐，每在參加完公司內部的培訓課程後，都會覺得自己與公司，以及公司交付的任務更緊密地綑綁在一起，而放棄了承擔更多責任、要求更高薪水，甚至換公司的想法。我們也在輔導的案例中觀察到這種心理現象，並將此寫進我們的著作《管理者的自由》（*Freiheit für Manager*）中。[29]兩位社會學家，克里斯提楊・艾伯納（Christian Ebner）和馬汀・埃勒特（Martin Ehlert）為此提出了相關的統計數據。[30]他們的研究證實，由公司支出經費補助的研討會成效：內部研討會讓員工留在原來的職位和組織中。[31]

為推動公司發展而完成的既定任務，對個人來說或許只是職涯發展的一小步，但對某些人來說卻是恰好正確的事情。然而，對於努力想要承擔更多個人責任的人卻非如此。企業創立的「學院」或「大學院校」會像膠水一樣，將人牢牢黏住，並因而阻礙他們的抱負得到更寬闊的施展空間。甚至連掛上「頂尖人才庫」、「金魚池」或「鑽石團隊」這類名號，由各企業提供的最佳贊助方案，也都會營造一種歸屬感就是穩步晉升保障的錯覺。然而，事實並非如此。一個響亮的頭銜有時只是為了安慰員工，或是逐步些微加薪，或少量交付額外的職責負擔。

29 Assig, Dorothea & Echter, Dorothee: *Freiheit für Manager*, Campus, Frankfurt am Main, 2018

30 Ebner, Christian & Ehlert, Martin: *"Weiterbilden und Weiterkommen? Nonformale berufliche Weiterbildung und Arbeitsmarktmobilität in Deutschland"*, Kölner Zeitschrift für Soziologie und Sozialpsychologie, Springer Fachmedien, Wiesbaden

31 同上。

失去動力而不是努力發展職涯

捨棄個人對職涯發展的責任，是一種由無止盡的回饋循環、能力概況、評估過程等諸多因素共同推動的漸進式過程。過程中，個人的情況被詳細掌握、排名、歸類，還會受到評分、分級、批評、表揚或考核。於是，人被數據系統掌控，並且是被數據系統看似客觀、全年無休地控制著，幾乎沒有變更或刪除的可能。因為涉及比較，對這種人事揀選和晉升流程感到失望是可以預見的。[32]這代表結果頂多只會出現唯一一個勝出者，有時候甚至直接從缺。以色列台拉維夫大學（Universität Tel Aviv）心理學與哲學教授卡洛．史淳格（Carlo Strenger）在他的傑出著作《對失去意義的焦慮》（*Die Angst vor der Bedeutungslosigkeit*）中分析了，排名制度會對人造成怎樣的影響，以及那些個人恐懼感可能和排名制度有關時，提到：

> 「問題就在於進行評比的範圍之大，是史上首次達到全球程度的大規模。當

32 更詳盡內容請見：Assig, Dorothea & Echter, Dorothee: *Freiheit fur Manager*, Campus, Frankfurt am Main, 2018

然，我們之中的多數人並不會隨時關注自己在全球性競賽場域中的名次……雖然沒有挑明，但這個全球性競賽場域仍是我們所有作為的背景因素。」[33]

人力資源部門的人員和主管尤其擅長使用比較的手段，因為他們的職責必須為公司找到解決問題的最佳方案，並為正在進行的工作指派最有能力的人。只要是在企業或任何其他機構任職的人，就會不斷面臨被比較的情況。進行比較時，需要考量兩個條件：

一、始終讓有適用技能的人，在正確的時間點擔任適合的職位

二、在正確的時間點，為每個人找到正好合適、有助職涯發展的工作

其中，又以前項更為被看重。經由比較，為公司及其工作任務挑出最適人選。但是對你個人而言，你是為了發揮你的才華，這是無從比較且獨一無二的。與你的職涯發展息息相關的是你自己，或更確切地說是你的抱負。如果你要依循你的抱負行事，

33 Strenger, Carlo: *Die Angst vor der Bedeutungslosigkeit: Das Leben in der globalisierten Welt sinnvoll gestalten (Psyche und Gesellschaft)*, Psychosozial-Verlag, Gießen, 2016

就需要堅定的意志和自信。

在公司裡面，有意義的職涯規畫應該是這樣的：讓你鍛鍊出獨有的才華、發掘出你最在意的議題，並支持你朝這個方向完善你的技能。可惜，無論企業多麼希望能做到，或者經常承諾會做到這一點，現實上往往很難達到這樣的要求標準。

這個迷思如何和你內心的抗拒感聯合起來，傷害到你的職涯發展：

「我可以完全放心地交出我的責任。」

在意見反應、工作目標、薪資和考績面談中，或是透過考試和人事評鑑中心的考核，可以了解到哪些地方還做得不夠好、哪些地方還需要調整或改善。此外，可以更詳細看到，為何別人做得更好，為何行為、能力、觀點和決策總是需要再經過他人的檢視、評定和監督，為何個人微不足道而團隊勝於一切，為何成功如過往雲煙，而過於有把握是狂妄的表現。

受到批評和比較而強化的信念是：只要我越來越好，哪天我夠好了，公司就會照顧我。更努力工作、自我鞭策、學到教訓並提升績效，以上都是每個有抱負的人希望自己能做到的事，也是內在動機的一部分。服從公司的要求，是熟悉又能得到安全感的舒適區。只是，想在職涯發展上有大成就必須要能自動自發完善自己的技能。個人的抱負必須起到主導的作用，而不是將主導權交給人資開發部門。為此，除了要有渴望學習的欲望外，還要有「我已經很棒了，沒有公司我也能發揮我的才能」的自信。

認知到自己的偉大之處或許苦澀：「我真的有這麼好嗎？」、「別人可能覺得我很傲慢嗎？」、「我這樣做會不會比別人好太多而顯得與眾不同？」、「我不是從小就被提醒，不要總覺得自己與眾不同、比別人優秀、比別人聰明嗎？」、「我會被排擠、被迫變成獨行俠嗎？」。讀到以上這些顧慮，你應該馬上想到幾個讓你抗拒接納自己優點的例子。但只有你自己可以、也必須做出判斷，對你最好的是什麼：到底是留在現在的公司？還是到別的公司去？現在這樣的你就很棒。正因為你很棒，所以你才會被選來做這份工作、才會得到晉升機會。或許只是目前的職位不太適合你，也可能你只是需要其他舞台，才能真正發揮影響力和發光發熱。

比起探索和找到自己的道路，順應公司的要求是更簡單的事。畢竟，公司不僅顧及經濟生存，也會照顧到社會生存。經由明確的規則和可預測性，可以消除對未來的恐懼。公司方常說的話，可能有其道理：做更多事、變得更優秀的人，就會得到獎勵。董事會高層、人力資源專家和人力開發專員就深信此道，並也因此會不時傳達出這樣的訊息。倘若他們的人事決策最終得出不一樣的結果，比如結果可能低於自己的認知範圍。像是在經過人事評鑑中心繁複的考核工作後，得到令人眼紅職位的人選，並非資格最適者，而是在考試和審核過程中表現中等，或甚至是過去根本不曾引起注意的人。這時的說法就會變成：「他馬上就和我們執行長建立起良好的溝通管道。」或是：「他就是恰好有某些別人學也學不來的本事。」這種情況經常發生，並且不會被視為人事決策過程的失誤，而是會被解釋成特例狀況。

經歷到這種情況的人有兩種做法，來發展出自己面對此類情事的態度：

一、「對此我無能為力。公司已經做出決定，也會繼續做出決策。我只能盡力做到最好，然後善用我得到的機會。」

二、「公司固然會為我們所有人爭取最好的條件。但我會對自己的職業生涯負起責任。這些公司不過是眾多機會中的一個。我會為我自己和我的職涯發展做打算。」

只是，個人責任越大，相對也要承擔更多失敗的風險。因為失敗的不只是公司的規畫，還有你自己的計畫。於是，怪罪別人可以減輕失敗的壓力：「我完全被錯估了。」或「我沒有被放在對的位置上。」不斷琢磨自己的誤判，令人心煩：「我需要重新考慮，因為這次的工作輪調無法為我帶來一直以來期待的人脈和機會。」

你的職涯策略：你知道什麼對自己最好

「我為什麼在這裡？我可以貢獻什麼？我該如何定位自己？我該往何處去？我的理想和公司的期待可以相輔相成嗎？我接受這家公司給出的條件嗎？我願意和這家公司攜手並進嗎？這條有抱負的成功之路，也是我想要的嗎？」想要過上充實的人生，就必須對自己提出諸如此類的問題，因為這樣做才能推演出更多想法和期待。

「期待」一詞直接帶有警告不要出現過分要求態度的意味：注意，只是不要想要的太多、不要太突出、不要太高調。發展職涯的雙重標準有兩句不容易做到又如咒語般的金句良言：

- 表現有所不同、有個性、有想法並且積極主動——但是像別人一樣行動，而且在規範內。
- 欽慕有成就的人——但不要讓自己太突出。

只有有所期待的人，才有機會實現所期待的事。沒有期待的人，就會直接走向失望和心灰意冷。

探索並描繪出你對幸福人生的期待、你的人生規畫和你的職涯抱負，並不忘從中區別出哪些是他人對你的期待（無論是社會、家庭或公司）、哪些是你自己對人生的期許，也要分辨得出物質和非物質的期待。因為我們在此要探討的並非物質方面的期待，而是你對生活品質、你的成就感、你心之所嚮以及你的人生職志等方面的期許。記住：只有那些有所期待的人，才有機會實現所期待的事。

史黛西是倫敦一位擁有國際資格認證的年輕稅務律師。雖然她未曾主動求取，事務所卻提供她，可以讓她的人生和她的家人安定、舒適生活的一切條件：她晉升成合夥人，收入非常可觀，在市區有一座風格時尚的公寓，還有西方商界最被看好的圈內人脈。如今她察覺到，擁有一半韓國血統的她，其實一直希望能促成亞洲公司在西方國家站穩腳跟。再者，由於她的孩子越來越獨立，在英國一所寄宿學校中也被照顧得很好。她決定重頭來過，換到一所規模較小的專業律師事務所。目前史黛西在首爾和倫敦兩地都住在比以前小的公寓裡，但她過得很開心。

如何面對人生的打擊

有所期待的人會看到機會和解決方法、會尋找新的出路，並且能夠面對挫折，因為他們的創意就會為他們開啟新的可能，而他們內心沒有比較和競爭的想法。在有成就感的職涯人生路上，自己內心的指針非常重要。如此才能讓你在自己遭逢諸如被辭退、生離死別或病痛等危機時，能全身而退。

公司裡有許多人生病了，有些人甚至還病得很重；或是有人因為親近的人離世，正遭受人生的悲苦；或是有人正受到憂鬱症、恐慌或焦慮症的折磨。已經有越來越多公司提供心理健康照護方案或研討會，以照顧員工的身心健康。這些公司以駐診醫師、心理師、人體工學顧問等，或是轉介外部單位的方式，提供集體或個人支援輔助措施。做這一切的目的，都是為了讓所有人能好好工作。即便工作場合以工作為主要目的，但公司裡並非只有冷酷、無情。

如何讓重病、處於哀悼期或慢性疾病患者融入這個體制？即使在面對這些危機的情況下，繼續保有定義你的職涯發展與前景的掌控權，是你的個人責任。陷入危機的人，需要傾全力來恢復健康或是讓自己安定下來。只是，在這些時候你往往沒有時間思考職涯發展的方向。但你的職涯發展機會未必會就此消逝。他們只是暫停了，而這種暫停的平靜不允許受到打擾——疾病、死亡或大悲苦絕對不允許成為休息時間或茶餘飯後的消遣話題。

在度過這段困難時期後，你終於想要繼續被當作成功的保證，只有在你不與上司和同事提及你當前處境的細節為前提，這種設想才得以順利發展。當然，你也不該隱密地默默承受一切。你可以對大家的關心表示感謝，簡要說明危機乃人之常情，並表明不讓這個話題持續（不在此處、也不與其他人談論）擴散，就是對你莫大的幫助，而且目前你已經得到最好的協助和支持。之後，你可以和你私領域中親近的人，或是公司內有保密義務的人談其他所有事情。

請注意其中的差異：滑雪時摔斷腿的人，會被認為有運動細胞而不是生病，回到職場後還會被視為英雄。大家都知道：這些傷會痊癒，而且通常不會對後續健康造成不良影響。所以，基本上不會有人擔心你的康復情況。只是，公司會考慮應該由誰代理你的職務，以及公司必須或可以在沒有你的情況下運作多久。在這種情況下，請告訴你的主管和人事負責人你的康復時程，並請務必嚴格遵守，且要讓他們知道你打算返回工作崗位的日期。

在情節更為嚴重時，可能會有完全不同的情況，而且，公司有所顧慮也是合理的。倘若你的危機狀況為期較久，以及／或是結果還不確定，那麼你的溝通就更重要。即使是與你關係密切的上級主管，這時也會擔心後續可能引發不良的後果。他們能夠掌握，你再回到工作崗位的時間嗎？到底會不會痊癒？在你返回工作後，是否只能承擔以往一半的工作量？或者，因為某些狀況，讓你無法再執行較難的業務？在這種情況下，請不要做出承諾，但要保持樂觀的態度，並特別告知進展良好的那部分資訊。而且最重要的是：安靜地專注在恢復健康和復原這件事上。

如何面對裁員

裁員，可以算是在職工作者生涯中可能出現的最艱難情況之一。即便提前知道可能遭到裁員，實際發生時仍然會深深震撼人心，比如企業重組、公司總部搬遷、改換成新的商業模式，或是主管受命解散自己的部門，宣布遣散人員的消息。有時裁員的消息來得太過突然，沉重地打擊了心懷抱負的人。有些人會因此覺得自己全然被打敗了，有些人則想著用什麼手段報復。這些受到衝擊的人都感到生氣、難過、憤恨不平、怒火難息。還有一些人認為自己是「這家爛公司裡面、那些壞主管的受害者」、

「反正在這家公司裡面，再有能力也沒用」。於是在茶水間的耳語中，就會聽到：「真是豈有此理！我才剛幫公司爭取到創立以來最大的訂單。上面那些人怎麼可以這樣對我！」那又怎樣？事實是他們就是那樣做了，而且往後還會再做一次。

裁員在公司是尋常的一件事。在德國，每年被裁員的人超過一百萬人次。即便如此，裁員對個人來說仍舊是一種深刻的侮辱。羞恥是最沉痛的感受，而且會造成揮之不去的負面想法在腦海中盤旋：「我是被騙了嗎？我的主管騙了我嗎？還是我一直在自欺欺人？難道我其實並不像我自以為的那麼厲害嗎？莫非是我輕信了不實的承諾？難道我是個好騙又天真的受害者？我還能相信誰？我這是徹底失敗了嗎？那些我以為關係良好的人脈，難道只是我的自以為是？我一直都被利用了嗎？其他人對我到底有什麼不滿？為什麼我沒有察覺到任何不對勁的地方？」

沒有親身經歷過的人，是無法想像，遭到裁員的人所感受到的情緒衝擊。尤其是受到本章主要探討的這個職涯迷思影響、相信公司自會安排他們的職涯發展，並總是忠貞不二地參與了所有公司提供的措施的人；尤其是不久前職階再度晉級、往上邁出一小步的人。裁員對以上幾種情形的人所帶來的衝擊特別大，因為對這些人來說，他們失去的不僅僅是工作。對他們來說，裁員還有更多重意義：失去身分認同、共同體意識、人生意義和如同家鄉的歸屬感。必須離開這個地方、熟悉的人群和令人滿意的工作是如此痛苦，以致於讓有些人氣憤難當——但這正好是他們不可以表現出來的。因為現在起，他們遇到的每個人都可能是資訊傳播者（Multiplikator）。

察覺情緒，但不表現出來

在這個動盪的時代，自律是絕對必要的。從接到裁員通知的那一刻起，你就是個正在找工作的人。你需要仰賴他人的善意，而這些人也包含規畫裁撤你的職務和執行宣告通知的人。因為你需要推薦信、證明文件，甚至需要請假、工作交接期、遣散費或就業輔導。

最晚從這時起，你就會意識到該呈現出怎樣的自己：你是個成功保證？還是處心積慮想著復仇的人？你是個有抱負的人，還是糟糕情況和不幸事件中的犧牲品呢？你是個無能的人、或是個堅定獨立的人？你的心態靈活嗎？或者，就算徒勞無功，你也只想墨守成規嗎？你的忠誠度會持續下去嗎？還是會因為這次事件還消失殆盡呢？你會責怪之前的主管和公司嗎？對於什麼事都做不了的「董事會那幾個跳樑小丑」，你會開些調侃、傲慢的玩笑話嗎？或者你已經認清事實，而且明白，最終沒有人是「有罪的」呢？對於新的解決方案，你是否保持開放的心態，並感謝自己能有所學習？或者，你還是充滿幻想，覺得自己的裁員命令會在最後一刻突然被取消，因為剛好有人看中你是公司不可或缺的人才？

察覺到自己的想法和情緒很重要，但是要表達出來幾乎不可能。你肯定會心情不好、氣惱，甚至極為憤怒，導致現在你非自願地必須面對新的選擇。飽受震撼的情緒下，可能讓你出現懷舊的感受，而覺得過去在公司的日子特別美好。想著：「過去一切都很好，什麼都很順利。」如果你有這樣的感受，你就該知道那不可信，因為那不可能是真的。必定有些什麼事情進行得不太順利：問題如果不是出在公司、人際關係或團隊活力，就是在團隊合作方面出現問題。重要的是，認清到底是什麼原因導致你被裁員，以及為何遭到裁員讓你感到如此驚訝，並思考裁員可能和你的那些行為表現有關？又有哪些扭曲的認知使得你誤判了情勢？或可能，是你太相信職涯迷思，造成你從未質疑，你所感受到的安全感，是否只是公司誘導你去誤信的結果。

此後的未來，你不應等待別人提前為你的任何發展前景做好準備。你要自己仔細觀察所有的過程，自己推演出結論並採取相對應的行動。在這種學習模式下，你會更輕易戰勝自己的怒意。而你的自律，將決定你是否能順利找到新工作。

找到有助職涯發展的新工作

無論你是自己提出辭呈，或是遭到公司辭退——在找工作的過程中，你的行為都是一樣的：你只能對少數人坦誠傾訴，所有其他人都是資訊傳播者。你應該讓後者對你感到興趣，並且讓他們繼續可以將你視為成功保證。如果你找的新職位不是高階主管，你可以主動搜尋、回應徵才廣告、發送履歷給各公司等。身為高階經理人，你的新定位就是個比較複雜、要求更嚴格，並因此有時需要較長時間的過程。但是對於所有求職都適用的是：

一、**給人留下積極正面的回憶**：給以前的同事、可能的資訊傳播者和重要決策者寫電子郵件做善意的道別。電子郵件中要留下你後續的聯絡方式。如果有人回應你的道別電郵並問了相關問題，你只需回答：「目前有許多工作機會洽談中。」

二、**讓別人找得到你**：將你在領英或星（Xing）等商務社群上的個人資料隨時保持在最新狀態，好讓演算法在人資招募人員搜尋時找得到你。獵人頭專員會主動尋訪前途看好的候選人才。為了讓獵人頭專員看得到你，你在社群媒體上的簡介必須要能吸引人，尤其是用字遣詞務求準確。但這並不表示要你主動發送履歷給獵人頭專員，因為這些專員更喜歡自己去搜尋人才。更重要的是，讓別人容易找到你。為此，你該表現得積極主動，按讚、發表評論、轉發資訊、道賀、發布一些專業內容。而且，一定要追蹤關鍵人物、最有前途的公司和相關的可能東家，否則演算法無法辨識出你是找工作的人。

三、**不緊迫盯人、不給人壓力**：不強迫別人回應你投的求職履歷；不要求別人給你留下聯絡方式；絕對不要逼人陷入不得不拒絕你或編謊回應你的境地：「我很樂意為您做這件事。」邀請與你有共同利益的社團或人際網絡成員一起喝杯咖啡，讓他們知道你感興趣的事，再不經意提起目前你正重新調整工作安排。這個訊息可以讓他們知道，你不是只有要利用他們時才想到他們。畢竟，他們也不希望自己只是被人利用的對象。這類聚會場合最重要的是，要展現出真誠、完全不以私利為出發點的態度。

四、**不慌亂**：不要自亂陣腳地打電話給所有可能的人，而且不要到處寄發你的履歷。絕不要「恰好」隨身帶著你的履歷。頂多在有人問起你的履歷時，用寄送方式奉上一份簡明的版本。不可明確請求任何人「幫你和某人牽線」，即便有人主動提起，也不要接受這種做法的建議，對此表示感謝即可。因為對方如果真的應業務上有往來的人的要求，前去和你碰面，見面後又能怎樣呢？只會讓所有人都覺得很尷尬。你要做的，只要保持好心情、對自己有信心、和許多人保持聯繫即可。你該知道：面對挫折，你是保持自信樂觀，還是充滿怨憤和失望，其實別人都感受得到。原本親近的人可能不理你，但會發展出新的朋友關係。以前的同事和舊識可能突然聯絡你，問你是否對這個或那個工作有興趣。而且，所有這一切都會同時發生。求職並非線性過程，而是一條充滿考驗和挑戰的路。

「被找來」接任高階主管職位的過程

對於高階主管重新定位的過程，我們特別選用了「被找來、被發現」這個詞組，並為此與多位獵人頭專員舉辦了活動。人資顧問蕭普[34]、職涯發展顧問湯瑪斯・余勒納（Thomas Wüllner）[35]和我們，雖然從不同角度切入，卻得出類似的建議：求職者最大的任務是認識到，一位高階主管成功的原因，而不是什麼因素讓他得以坐上新的高位。謀求高階管理層的職位和專案、銷售，或重要客戶管理等工作相反。如今在求

---

34 詳細內容請參閱：Schorp, Stephanie: *Personlichkeit macht Karriere. So stellen Sie die Weichen fur Ihren eigenen beruflichen Weg*, Campus, Frankfurt am Main, 2022, S. 185–204

35 Wüllner, Thomas: "*Was tun nach einer Kündigung?*", Harvard Business Manager, 2021

取高階主管職位階段所處的工作模式，是「被發現」過程中的「系統錯誤」。這種工作模式已經根深蒂固地存在你自身的成功性格中，現在只需在心理上進行重置：從各種計畫和工作中走出來，迎向與人親近和建立信任感。

成功的高階管理人反應迅速、重視結果。所有人都想和他們有所接觸，但有時從這一秒到下一秒，他們突然無事可做。一旦離開全力衝刺的跑道，他們就會想馬上找新的職位——因為他們如此優秀，而且無論做任何事都對自己有信心。在一些個案中，他們會很快得到一份新工作，但多數情況下，從現在開始通常需要一段非常、非常漫長的時間，而且一切都不受控。有些人不會做出回應。某些邀約名單上會把你剔除。你獨自一人坐在家中、編寫履歷，每天撥出很多電話，收穫卻微乎其微。因為金字塔最上方是個尖頂，越往頂端，空間越狹小。意思就是說：位階越高，職位越少，也會有越多特定的要求。因此有時幾年時間過去，而他們可能在期間犯很多錯誤。

這個過程是無法加速的。你既無法把這件事轉交給別人幫你完成，也無法預設任何目標，更不能對任何人施壓——就算要施壓，你還能向誰施壓呢？獵人頭專員不是你的下屬，而是為求才的企業提供服務的人。你唯一能做的只有一件事：在「被發現」過程中仍然維持好心情，也就是說要感恩、稱讚別人、從容、與人閒聊，而且要以成功保證的姿態展現自己。這就涉及情緒管理，因為不拖泥帶水的支持，可以吸引到高層圈子的接近與信任。

以情緒管理代替績效證明

求職時，人最希望能展現和證明自己有多優秀。而人事部門的人員往往只會對發出大量積極訊號的人做出反應，即便他們說著職場相關的話題、問起職場日常的問題：「您過去有把生產製造中心轉移到亞洲經驗嗎？」把自己切換到「被找到」模式，同時還維持「職場上的應對」習慣一點也不簡單。這時，眼界的高度就很關鍵——以及，用字遣詞。因此，在這種情況下，不應回答：「是的。二〇二〇年，我在短時間內把三座各有四百名員工規模的工廠，從德國的低地薩克森邦遷往中國。一年後又把另一座工廠移到孟加拉。」更好的回答是：「您問的問題很有趣。您在業界的成就堪稱楷模，而且貴方在印度的生產製造以效率聞名。沒錯，我自己當然也有過幾次這樣的經驗。」

以建立社交圈取代自我行銷

在高階主管職位上越有成就的人，角色之間的轉換就越困難：沒有後續追蹤、沒有鎖定目標族群、沒有主動求職、沒有請人幫你聯繫引介。那麼，有件事一定是對的嗎？那就是建立社交圈，也就是建立和長期維繫穩健而真誠的關係的能力。只要是高層圈子裡的人，就會留在那裡。

在高階管理層中，完全適合你的職位只有少數幾個，甚至可能只有那唯一一個，只是你還不知道而已。由於沒有那個「市場」，所以你既無法測試自己的市場價值，也不能主動為自己宣傳。這類行為只會得罪你的社交圈中那些對你最重要的人。因此，絕對不要主動去接觸沒有長期朋友關係的獵人頭專員，而且，對於很久沒聯絡的人脈，也不要在目前的情況下妄想讓彼此的關係回溫。不要向人索求對方的聯絡方式。要有耐心——工作一定會來找你，而不是讓情況反過來！

在非正式與正式場合談到自己時，要特別提到自己做得好的領域與自己關心的事——而不是你的豐功偉業和才華。你要努力做到，讓其他成功人士被你吸引，因為這關乎你未來的發展方向。把你的獨特性展現出來吧！請不要說：「我對業績增長有興趣。」你可以說：「目前移動通訊技術領域，在斯堪地那維亞半島有個全新的新創舞台。如果我是一家供應商的資訊科技領域負責人，一定要把這個概念好好應用在提升公司的業績成長上。」當你的抱負成為照亮你職涯發展路上的明燈時，新工作就會找到你。

讓自己成為被看得到的一號人物

定位自己新工作的過程，是一項長期任務。並且，因為與前東家的關係隨時可能結束，所以這個過程早在離職前就已經開始了。因此，絕對不要錯過其他公司，或相關背景的知名人士都會參加的外部研討會和活動，因為這些人對你職涯發展的影響遠大於任何目前公司的內部活動，更因為這是與來自各方的其他人（無論是在自己的專業領域或是來自其他公司，或政界、商界、藝術界、媒體、行政等各個領域）建立起長期、真誠關係的好機會，而公司內部的人事成長方案很難顧及這些面向。從這個角度思考，換公司這件事——無論是自願或非自願——也就更順理成章。

為了真正承擔更多責任、擁有更多施展空間、更高薪和地位更高的方向發展，你需要來自外部的思考激盪和助力。外部人員可以為你帶來新的想法，也可能改變你看事情的角度。在外部活動和研討會上，你可以在自在的氛圍下，不被掌控、隱密地與人接觸。而這些都是你往後可以繼續保持聯絡，並進一步拓展社交圈的人脈。然後，你會從自身的成就中得到迴響和鼓勵，更理解自己獨到和成功的原因，而不是毫無意義地不斷琢磨自己能力不足之處。如此一來，你會更有自信，覺得「我還能做得更多」。因為在別人眼裡看來，你就是一個努力發展事業的人。

為了讓別人看得到你，你也必須了解到自己真正想要的是什麼。為此，你需要有反省能力和外界的共鳴。你要能坦誠地談論自己、偶爾對人表明心跡，不要強迫別人接受，而是在適當的時機向人坦露自己真正的想法。你展現出的自信會引發他人的共鳴，因為他們的鏡像神經元會對此作出反應。於是，你會感到輕鬆自在，而你內心深處的渴望也得到滿足。

忘掉那些平步青雲的規則

讓你升職的助力可能來自四面八方。對於人生，培養一種有抱負、寬厚、包容失誤、感恩、欣賞、關心別人和獨立自主的心態。只要是有助提升你的自省能力和自信的事，都去做就是了！不要對自己說：「我想維持，現在這個我的樣子。」

把時間和精力花在讓自己變得更好上，並盡力發揮你的才能和天賦。維繫朋友關係、學習新事物，比如學一門新外語或是一種新樂器都是不錯的選擇。在你未曾主動接觸過的領域，結交新朋友。何妨是現代藝術、天文學、冥想、歌劇或廚藝？讓其他人也加入你正在學習或做的事裡面，無論是線上或現場活動，從中得到回饋、相信自己和自己的能力。不要用任何微小的貶抑詞彙、諷刺或看似有趣的說法來貶低自己的成就，也不要看輕自己過去的成就。反之，你要非常清楚，自己有能力做什麼和想要什麼。自己人生中的幸福感也當屬其中，不要讓工作埋沒了自己，也不要陷入完美主義陷阱。你之所以好，就是你已經夠優秀了。

你很重要——即使你目前不是在職身分、即使最近你剛好不用帶人、即使你犯了錯。你有抱負、有能力，而且繼續堅持著。你看到機會、了解自己面對的風險，可以承擔起責任，其他人都仰賴你為他們引導方向。在你的專業領域，沒有人可以評斷你的對錯。你內心充滿信心，只要你展現出來，別人就會對你產生共鳴——無論是否看得到。這就是你很重要的感覺，能帶來影響力的相遇、強有力的說詞、良好的定位和果敢的決斷，都有可能發生——而且，這些好事更容易發生在你身上。

迷思六：

只有弱者才需要建議

這個迷思要說的是：

「我知道自己的能力、知道自己要什麼，而且我自己就能做到最好。」

多數人不斷擺盪在施與受之間，接受讚美、餽贈禮物、被人尋求建議，他們寫謝卡給人，也會收到別人寫給他們的謝函。不僅會成為別人的座上賓，也向別人尋求慰藉，他們會受到舉薦，也會給出重要的提醒。充盈與匱乏、強與弱，輪流交替，人情與連結就是這樣來的，而人與人的關係也以這種方式繼續發展下去。他們願意幫助別人，並依此冀望自己也能得到別人的協助。他們為別人的喜事歡呼，也希望自己的成就受到喝采。只要人敞開心扉——從希望到讚賞——一切都可能發生。

以上這些都是提升自己人生幸福和職場成就的基本認知經驗。那麼，為何偏偏是那些有抱負的人在職涯發展過程中，在這種運氣的輪替之中中箭落馬呢？

在你進入職場之初，你會得到許多建議，從早到晚、在各種課程中、考核面談中、從前輩或較有經驗的人那裡、從你的主管、從指導你的人或培訓講師那裡。隨著你的知識和技能有所提升，你做出的成果會決定你是否能往前再進一步——無論在簡報上、考核評鑑和談判中，你的績效會不斷受到反覆驗證。於此，性格外向的人顯然較有優勢：因為他們總是興致高昂地參加各種修辭、溝通和說故事技巧的課程。他們學習如何說明、闡述、讓人信服和打動人心。

然而，說話的藝術一旦學會並實際運用，其重要性也會開始降低。甫在人生第一個管理職階段，對於溝通技巧的要求就已經發生變化。因為從此刻起，團隊成員往往具有更優秀的專業知識。身為主管的人常會迴避或忽略這一點。於是，當他們可以向其他人說明什麼時，就會覺得自己是最厲害的人。反之，他們自己要聽人說話或必須徵詢他人的建議時，又會感到自己像個實習生。一旦進入高階管理層，對人發表長篇大論只有在特殊情況下才會達到效果。況且，對於其他成就相當的人來說，這樣做只會令他們覺得說話的人很霸道而感到惱怒。高階主管必須要能傾聽、理解、不恥下問、為別人打氣並做出決策——而不是沒有停頓或斷句式地滔滔不絕。他們會提點別人，但通常不是以說話的方式，而是以他們如何熱心地處理一件事或對待其他人的方式，在過程中默默地引導別人。

當負面認知和消極的行為模式根深蒂固時

「我知道，而且我自己就能做到最好」的心態，是一種可以助你長期達成職場目標的思考習慣。這一點，在積極性高、有聰明才智的人身上，特別容易從他們在職場中的表現得到驗證。現實不斷發生變化——如果有人對於各個領域的所有相關知識、甚至在自己的專業領域上知道的都沒有比別人多——就會需要修正調整，以適應這種模式。

多年來，亞尼克的成就受到各方讚譽。於是，他心想：「我知道事情該如何執行。這也難怪我經常被人徵詢意見。這裡沒有人比我更經驗豐富了。」這種態度延伸的範圍越來越廣，甚至擴及汽車品牌和醫療保健方面。他總是抱持這樣的態度。

即便晉升到主管這個新角色後，他依舊維持這種自視甚高的態度。現在的他是更樂於為人提供建議和協助了。只是，他也遇到了難題：管理層的同事避免與他有所接觸。如今他要成功理應得利於情緒管理能力，好讓他在公司內部或公開場合贏得願意追隨他、與他共事的人。現在他必須開始欣賞其他人的知識，並願意主動向別人求教。如若不然，他未來的事業發展難免因此受挫。

亞尼克必須敞開心胸。隨著態度變得更開放、更有彈性，他很快就會察覺：「我很困惑。現在的情況和我一直以來習慣的有所不同。我一定要學點新東西。我必須向能為我解惑和提供建議的人請教。」然而，他的思考模式已經僵化了。他堅持，自己就是擁有比其他所有人豐富的知識。於是，他投注更多心力在工作上，並相信只要有能力，終有成功的一天。因為像他這樣經驗豐富的人是不會被錯看的。心理學教授杜維克指出，成功的關鍵是擁有靈活的心態——相信一切都在改變，並且人自己就有很多機會可以扭轉情勢。而靈活的心態會從錯誤、痛苦的感受或是被隱藏起來的欲望中學習。[36]

亞尼克的固定型心態讓他想要維持原狀，而且覺得自己是對的。也就是：亞尼克認為，他遇到的困難都是別人造成的。在這種情況下，第一個迷思馬上又跳出來了：

36 Dweck, Carol: *Selbstbild. Wie unser Denken Erfolge oder Niederlagen bewirkt*, Piper Verlag, München, 2017.

肯定是這家爛公司裡的那些壞主管妨礙、甚至毀了自己的職涯發展。如果有人察覺到自己快要被辭退，或被迫提前退休；如果有人意識到自己的職涯發展陷入停滯狀態，或離職後找不到新工作；如果有人名譽受損，想要以一己之力及自身有限的才識力挽狂瀾，以上這些人很快就會陷入負面循環，足以阻礙後續所有職涯抱負的施展。無論多年來積累下來的知識多淵博、能力如何超群、經驗多豐富——在這種情況下埋首工作，並試圖以績效和成果來解決問題的人，很快就會把自己消耗殆盡，不再能發揮任何影響力。除此之外，他們還把過錯歸咎於別人、推卸責任，最終失去別人的支持和追隨。

從失敗中吸取慘痛教訓的人，無法向人尋求建議。他們自信已經掌握了普遍的真理，比如：「要當高階主管就是要有強大的自我意識」、「瞧瞧那些政治人物，選贏的都是最貪戀權勢的那幾個」。諸如此類所謂的真理，對你的職涯發展一點好處也沒有。「我要維持我現在這樣子」依循這種思維模式處事的人，即便經驗再豐富，或離職前身居高位，但由於世界不停地轉動，而他們的角色也不斷在改變，最終都不得不離開任職的公司。就成功的職業生涯而言，他們這種做法是將自己過去的特殊經歷，置於和普通專業技能相比較的同等地位。最重要的是，他們不需要認同任何權威，也不需要任何建議。

個人職涯障礙是個黑盒子。要打開這個黑盒子，需要借助外部動力，來協助你認清自己的分量。單靠自己的力量是無法看清或改變，因為這些阻礙你成功的行為和思考模式，過去已經成功很久了。因此，才會讓人看來如此理性：「過去一直」順利進行的方法，正在變得根深蒂固。這樣的認知同樣也限制了和你一樣努力，並也曾因努力而成功的其他人。然而，過去的成功方法成為職涯發展路上障礙的時機還是到來了。於是，失誤越多，失敗也越多。

姬特相信，自己已經非常清楚聯邦各部會升職申請流程的運作。畢竟，這類由「男性主導」的選拔流程，她已經參加過十多次了，而且每次都是落在第二名。現在她深信，參加升職申請是沒有意義的事，因為「反正最終都是」從內部找個男性來擔任職務。她找了多位培訓講師，也和朋友以及博士論文指導教授商討了這件事。所有人都肯定地跟姬特說，她最好再做更充分的準備，鼓勵她更積極、有自信地採取行動，並提出令人印象深刻的事據。有人建議姬特，在升職申請報告中遇到令人感覺不舒服的評語時，可以用詼諧有趣或帶有挑釁意味的俗諺或說法「帶過」，或是維持不為所動的態度面對就好。

結果，眾人給出的「策略」沒有一個奏效就算了，還往反方向發展。真正的問題就在於，姬特以這種方式積攢了越來越多的錯誤認知——而且是以她自己的想法形成的自以為是的認知。

評選委員會的委員們其實很想讓姬特作為拔擢的第一人選。只是姬特自以為無所不知的姿態和幾近完美主義的作風，令他們不甚滿意。這些委員從姬特的行為中感受到焦躁、看不起人、目空一切的性格。但委員們只想要找到一個能夠真誠地尊重別人的人，這個人是否無所不知並不是他們考量的重點。

如何化解這種自己造成的不良態度和自以為正確的職涯策略呢？有時候，朋友圈中有人推出第一把助力就足以讓人對問題了然而心。至於管理上更複雜的情況，就需要置身事外的專家協助分析。有這些專家，你才有可能克服障礙，也只有仰賴他們，你才能學到以尊重、善意、直率作為隱藏動機的真義。藉此，對非正式社交關係圖、禮儀、隱藏的訊號、從屬關係和不希望被公開的協議內容等產生影響。對此一無所知的人，自然就不具備這樣的能力，更遑論要施展這樣的能力了。

發展職涯需要有隨時面對改變的意願，並且不僅只是變換工作地點或換工作這類的外部改變，還要有開闊自己的胸襟和捨棄既有信念的能力。職涯發展就是一段醒悟的過程，在經驗和知識上是沒有過程連續性的。想在職涯發展上有所成就必須在觀念、認知和思考方式上做出徹底的改變。從接任第一個管理職開始，只有那些帶著批判眼光質疑自己的思考和行為模式，並在必要時願意做出改變的人，才有可能繼續往前進。這關乎是否常保好奇心。而且即使到了六十、七十或八十歲，我們的好奇心也不會停下探索的腳步，因為我們與世界不會斷了聯繫，而且世界也不斷在發生變化。這是一股職涯發展過程中通用的成功力量。

如何更了解自己的內心、活力、動力、抱負和偉大呢？問自己這些問題、探索並善用能改變人生的際遇，是一個持續在發生的過程。

我們相互依賴，都不孤單

職場上的發展和危機不需要任何建議的想法，對人的一生影響重大。尋求和接受建議的能力，與接受喝采和得到讚美的感受力相通。無法接受建議的人很難理解這種關聯，因為他們只希望自己的豐富經驗能得到他人的肯定。如若不然，他們只會更展現出自己的優越感，而其他人也會轉身離去。自我價值感穩定，且自我效能信念強烈的人樂意接受他人的支持、協助或餽贈，並會為此感到開心——因為他們知道，自己值得得到這樣的對待——並且在某一天，在下次機會來臨時，他們也會願意為別人做些什麼，或也可能無所作為。總之，他們輕鬆以待。這種情緒會擴散出去，感染到周遭的人。於是，善意、支持、禮遇和好建議都會流向他們。

危機時刻讓人看清自己如何看待在這個世界上的自己：如果有人什麼事都自己來，也不需要任何人幫忙。這樣的人真的是強而有力嗎？或者，如果有人能讓人看到他的弱點、與別人討論他的疑惑，並且尋求他人的建議，這樣的人才是強而有力嗎？

托比亞斯是亞洲一位成功的創投投資人。過去和他在業務上有過往來的，都是整個亞洲在各個業界有名望、有身價的人士。這樣的托比亞斯從來沒想過，哪天他會需要別人為自己的職涯發展提供建議。他知識淵博、才智過人、評估精準、收入優渥——所以怎麼可能還有人懂得比他更多呢？更何況，還是從未接觸過他這個專業領域的人？

出乎托比亞斯意料的是，正好是這樣順遂的生活，讓一些早已被他遺忘的感受浮現腦海中。托比亞斯出身自德國一個鄉下地方——他的父母都是基層職員——所以他太清楚那種對低人一等和無能為力感受的焦慮。每次遇到資訊不足、無計可施的情況，甚至遇上任何一個小到不能再小的危機狀況，都在提醒著他，過去他能靠的只有自己。因此，為了在社會上立足和經濟上的生存，所有的一切他都想知道的比別人多、比別人詳盡。這是托比亞斯過去多年來成功的祕訣，但如今過往的焦慮還是潛伏在他的內心。他隨時擔心，圈子裡的人可能會嘲諷或取笑這微不足道的玻璃心。托比亞斯的自我價值感建立在確定自己掌握一切資訊，並確保自己能把所有事攬起來做。因此，只要稍微存在不確定性，就足以讓他的自尊心跌落谷底。如果他不得不向別人求教，他會馬上覺得是自己懦弱無能，才會需要仰賴別人的幫助。

其實每個人都經歷過這種自我價值感低落的感受，因為有些事不知道需要請教別人，並因此要讓人看到自己能力不足的地方。低自我價值感的人在遇到自己被逼到極限，或看不到出路時，會想把這些感受隱藏起來，所以無法向專業人士尋求建議，因為他們已經預設立場地認為沒有人能了解他們：自己遇到的情況太過複雜與特殊；所有這些事只會發生在他們身上，也只有在他們所處的業界或在任職的公司才有可能發生。而且，也就是因為跟了自己的老闆才會不幸碰上這樣的事。問題的發展似乎有強壓之勢。有些人為自己無法找到解決方法而感到羞愧，但就算這樣，他們還是抱持著消極等待的態度，或是在內心把當下的軟弱視為必然的結果。他們無法認清無助的狀態只是暫時的，長久下來覺得自己渺小、無能和孤獨，以致於要他們想到，其他人也遇過類似問題，或是別人可以協助他們解決問題，甚至要他們想到，自己可以繼續培養解決問題的能力——由於他們從未有過這樣的經驗，也就不知道該如何著手了。

這個迷思如何與內心的抗拒感結合起來，對你的職涯發展造成傷害：

「我的情況太複雜了，沒有人可以給我好建議。我只能靠我自己的經驗。」

無法向人尋求建議的人，受到社交恐懼感的控制，想要憑一己之力完成所有的事，並把不知道下一步該如何進行視為侮辱和失控而感到羞愧。出現這種心理動態過程的原因在於，這些人連向人尋求建議的想法都未曾有過。因為緊張、失敗、孤立、過多的要求或是羞愧的感受，已經成為他們面對人生的態度，並且繼續深植內心：「反正我就是這樣」或是「世界就是這樣：沒有公平可言，也沒有愛。」

有時候，情況如此慘痛、羞愧和無助感又是如此深刻，使得向人求教變得只會令人再次經歷羞辱。這時，這些人會說：「等事情過了，我把問題解決後，我再向人求援。」對此，復原力相關研究指出，在面對危機時，尋求和接納建議非常重要。無須獨立完成所有的事情，是自我效能感的一部分。

羞愧感會讓心胸變得狹隘，也會讓人主動壓抑所感受到的無助感。但是壓抑情緒需要很大的氣力，於是心態就會變得沒彈性。他們無法坦率地與他人分享不同的觀點，只想要堅持自己有理和霸佔主導地位，即便只是在微不足道的小事上，他們僵硬的保護殼上，沒有任何縫隙的餘地。而其他被認為軟弱的人就會受到懲罰、被責怪失敗並成為被嘲笑的對象，成為他們自己害怕的無助感的代表性形象。

無法承認自己需要建議和協助的人，就會陷入被動的泥淖裡。他們會失去追求幸福的動力，並常因為受到外在發生事件的擺布而感到無能為力。他們緊抱著充滿不確定的希望，覺得問題會自動消失。

回想一下某些場景：你覺得受到攻擊或羞辱而退縮；或是覺得應該被感激的事情，卻沒有接收到對方的謝意，於是就中斷了聯繫；或是，應該表示感謝卻沒有致謝的原因，可能只是不想打擾到對方。遇到這些情況時，你會表達歉意、修正自己的行為、致上遲來的歉意或向人請教建議嗎？或許你不是每次都能做到。這些沒有解決、看似小疏忽和自以為是，有時候可能發展成大型且完全不必要的災難。其實這些災難原本是可以輕鬆化解的，例如，承認是自己的錯誤。這種社交尷尬會帶來生疏的後果，並使人筋疲力盡。比如談話陷入冷場，需要不斷找到新的話題才能繼續談下去。

直到不知不覺中，連一群最有經驗的談話對象也做出緊張的反應，只是因為對方行事謹慎，不想傷害到別人。人或許仍然有歸屬感的需求，但同時可能因為小小的「劃界反應」（Abgrenzungsresonanz）而被破壞殆盡。因為這些劃界反應發出的訊號是：「我不需要任何人。」

自卑感、無力感和抗拒感

曾經因為自己的軟弱而受辱或遭受痛苦的人，會在內心抗拒向人尋求建議。為了不感到自卑和無能，他們會努力累積大量的知識，而努力學習只是為了讓自己徹底擺脫受辱的風險。

早在學生時代，蜜拉就很勤學。對於學校教的內容，她不僅做到課後複習，還做到課前預習。面對所有課業上的問題，她都提前想好了解答。進入大學後、乃至於步入職場，蜜拉還是以相同方式對待課業和工作上的問題。最終她果然在沒有向任何人求教的情況下，擁有了所有必備的知識和經驗。這讓她得以在職場上順利地取得初步成就。在她職業生涯首次遇到危機時，她買回一疊探討職涯發展的書，一讀就讀到深夜、欲罷不能。她害怕失敗的焦慮感，從小就在她內心形成一股抗拒感，而這股抗拒感又導致了相應的思考和行為模式，並進而變成她的生活模式，讓她總是以獨行俠的方式單打獨鬥地處理事情。

過去，蜜拉既沒有在職場上建立人脈，就更別說用心去維繫職場上的關係。因為她根本沒有花時間在這上面。蜜拉憑藉著自己的專業知識，在團隊和同事間脫穎而出。她在專業上得到肯定，社交上卻並非如此。在職場上，她一直是個獨行俠，甚至變成邊緣人。因此，她的職業生涯一直無法更上一層樓。長時間的工作讓她無法有機會進行私人交誼。於是獨處成為她的生活態度。在外人看來，蜜拉的職涯發展如此輝煌卓越，卻是以（完全沒必要地）犧牲她的幸福人生為代價換來的結果。

被誤解的榜樣

如果不知道別人的職涯發展為何成功，當然也就無從了解成功人士的行為。於是，就會誤解影響力產生的過程。一個人表現出來的行為並不能代表一切，而是需要「解碼」。也就是，需要去了解外在行為背後的策略和潛台詞。

和蜜拉不同的是，尚恩幾乎沒有孤單一人的時候。過去幾年來，他曾經是冰上曲棍球國家代表隊選手。當時的教練被公認是世界最優秀的教練。這位教練提出的「建議」，是國家代表隊中所有人都願意服從的「命令」。就這樣，這個球隊的表現越來越好，最終在奧運會上登上了頒獎台。

拿到微生物學碩士學位後，尚恩在三十二歲時，承接了在北極研究船上的工作機會。當時的研究計畫女性負責人非常傑出，她的研究成果備受全球矚目。因此，她主導的研究計畫果然也拿到充足的贊助經費。她以一人獨尊的管理風格，期待她的團隊運作順暢：在她的團隊中，既不該表達個人意見，也不允許提出任何建議。所有人只要執行她的要求就可以了。

這些職場上的初體驗，以及與自己欣賞的榜樣近距離共事的機會，更加強化了尚恩對於一個成功的人應有樣貌的想像。在他的經歷中，從來沒有一位領導者有過猶豫不決的表現或詢問過他人的建議。

然而，尚恩不知道的是，他以前的冰上曲棍球教練，與幾位在棒球界和籃球協會最優秀的球隊教練，以及多位體育大學的教授等相關人士都有密切的往來。尚恩也不知道，原來他參與的研究計畫負責人與政界人士、許多頂尖科學家和其他領域的專家學者間都維持著熱絡的溝通管道。

因此，尚恩在第一次擔任非營利環保組織的管理職時，竟不自覺地模仿起過去他那些榜樣的行為和管理風格。但他不知道，自己應該隨時與人交流想法，更不知道該與哪些人互動。一開始，他以自己淵博的專業知識取得初步成就。但是在他得到建議，認為他應該多傾聽他人聲音的反應後，他開始感到困惑。他感到不解，自己難道只是被聘請來，讓其他人從他的經驗中學習的嗎？尚恩的職涯發展就此止步不前。最後，組織直接請來一位企業管理專家擔任尚恩的上級主管。尚恩完全無法理解，為何自己沒有被晉升到那個職位。

有一天，尚恩偶遇之前的冰上曲棍球教練，對方如今已經是在頗具影響力的國際運動賽會經理人。在兩人有機會私下交談時，尚恩鼓起勇氣提到他遇到的情況，同時也說出他的不滿並坦承內心的無助。這時，他突然看到了與其他成功人士交流的必要性與價值。對尚恩來說，要改變行為並不難，因為他本來就喜歡與人接觸。於是，他解除了阻礙他成功的屏障、改變自己的管理風格，並建立起自己的社交圈。

社交恐懼及其影響

如果沒有社交恐懼，無論想要拓展心胸，或是接納他人的建議和才識，都會變得很容易。社交恐懼困擾著我們所有人，即便是成功人士也可能因為社交恐懼苦惱。無論是在步入職場初期，或是已經進到高階管理層，人偶爾還是會因為感受不到歸屬感，而避開他們掌控不了的大型社交場合。

在自己的公司、在專業圈子裡、在與上司、同行或同事的各種大小會議中，這些場合都不是問題。有社交恐懼的人在這些場合中，也會覺得自己只是參與公司內部流程和專案的一員而感到安心。然而，這些場合無法發展出任何利益共同體或社交圈的歸屬感。在與個人所屬組織相關事務之外的非正式會面，對職涯發展特別重要。在這些場合裡面，人們必須勇於走出自己的舒適圈，盡情享受其中自在愉快地與人互動的機會：一起喝杯咖啡、共進早餐、參加新春酒會、一起參加文藝或體育活動，甚至是私人聚會。

從尋求建議到可長久維持的交誼，乃至於推薦——只要是對有抱負的人來說萬事俱備的場合，對某些人來說就變得非常困難，因為他們的社交恐懼已經把他們往外推了。如果他們因為害怕而不出現在這些非正式場合，可能會招來不滿：東道主可能疑惑，為何沒有收到是否赴宴的回函，或是為何對方回絕邀請的措辭如此生疏；或也可能不解，為何自己從來沒接到過回請的邀約。如果是有業務往來的人，也會因為他們做了推薦，後續卻沒有收到謝意，或慶祝會上沒收到賀禮而感到困惑。繼而，當這些有業務往來的人得知，一位不久前沒有回應他們邀請的年輕人，原本前途看好，最近在職場上卻陷入危機。這時，這些先前有過業務往來的人不免要問：「為什麼他不來問我呢？」

社交恐懼和社交尷尬往往被掩飾的很好。有些人明明內心對於向人求教極力抗拒，卻會以博學多聞、振奮人心、幽默又風趣的姿態現身非正式場合。這裡提到的就是那些每次都會出現在非正式場合，並且常常連續幾個小時成為眾人眼中焦點的人。他們不停地說，以風趣的談話內容應付每次出現靜默、無聊或尷尬的場面。聽起來似乎很擅長社交且充滿魅力，但在這種情況下，往往也是內心的抗拒感和社交恐懼在作祟：近乎強迫性質的自言自語，只是為了避免表現得與人太過親近。因為實際上，真正與人互動的情況並未發生。

即使幾乎所有人都回家了，在時尚集團擔任行銷部門主管的米莉安，手中仍然握著酒會的最後一杯酒，對最後一位賓客暢談世界局勢。她其實已經注意到，這是自己唯一一次受邀參加這類活動——只是她如何也想不通，到底為何如此。明明大家都喜歡聽她說話呀！「因為我有過這麼多有趣的經歷，所以才有這麼多可以說的。」她心想。

這時，就是內心的抗拒感以這種扭曲事實的方式，與「不需要建議」的迷思結合起來了。你要提醒自己：為社交恐懼苦惱的人，不見得會把這類感受視為恐懼。反之，他們往往會用聽起來理性的說法來掩飾自己的不安：

- 「我以後再也不會被邀請來參加這類活動了。畢竟我搶了別人的風采。」
- 「我說得再精彩不過的事，反正別人也講不出來。」
- 「我經歷過很多別人感興趣的事。」
- 「別人喜歡聽我說話，因為我的經歷讓他們受益良多。」
- 「那裡遇到的人多半沒法提起我的興趣，而且其他人發表對無關緊要事情的看法，讓我覺得太無聊了。」

尤翰喜歡鉅細靡遺地提及他過往的遭遇。會讓他反覆提起的是，他曾經如何被不當對待。「然後，我就被辭退了。就在我快要成功的時候。你能想像嗎！」他不斷重複的說詞中，沒有任何線索或資訊可以讓人知道事情到底是怎麼發生的，尤其是關於他自己的那部分完全沒有說明。他滔滔不絕地把自己講成受害者，而其他人都是加害人。

藉由這些聳人聽聞的敘事，他可以對自己和在他人面前，掩蓋他對自省和向人求教的抗拒。他自以為比別人博學多聞的姿態，導致他在社交上，很難與他人進行更深入對話的負面循環。聽他說話的人其實都察覺到，這些故事中漏洞百出。他們彼此間就像是存在某種祕而不宣的禁忌，而且絕對不能對他說的內容做出任何反應。尤翰似乎也不自覺地察覺到這種氣氛，因為他從來不問對方：「你對此有何看法？」、「你覺得我還有其他做法嗎？」、「我現還能做些什麼嗎？」如果有人未經詢問就追根究柢地問道：「為什麼那時候你沒有跟你的主管說這些事？」只會看到尤翰氣憤地堅持，他明明什麼都做對了，並表示：「當時根本不可能那樣做。」於是，聽眾沉默了。禁忌話題有個特點，就是它會擴散，使得其他人越來越難自在地和尤翰打交道。結果，他們就會減少和尤翰接觸。如此一來，深入交流的對話就會越來越少，直到完全沒有。尤翰也會逐漸失去歸屬感。最終，這個負面循環以意識到孤寂作結：「沒有人可以給我建議，我只能靠自己的經驗做事。」每個人都熟悉社交恐懼的感受。如果想要施展抱負，並親手打造自己的職業生涯，總有一天你也會遇到社交恐懼的情況，而在社交場合中感到焦慮。當代國際知名的美國波士頓東北大學（Northeastern University）物理學教授艾伯特—拉斯洛・巴拉巴西（Albert-László Barabási）曾在一次訪談中提到，自己如何隨著時間推移克服了社交恐懼，或至少讓自己可以與社交恐懼更和平共處：

「我在二十六歲時當上教授。和我的許多同僚一樣，那時的我很靦腆。當時知道我的人也不多。但我很清楚，只有發表論文是不夠的。我必須讓那些在我的專業領域知名的專家學者認識我，我也必須去認識他們。在我第一次以教授身分參加的大型會議上，我走向一位知名的學者，跟他說：『您好，我是巴拉巴西。我讀過您的論文，不知道您是否有時間與我共進晚餐？我非常希望有機會能和您討論那篇論文的內容。』我本以為，他會叫我滾開。沒想到他只是說，晚餐的時間不行，如果我中午的時間方便，可以一起用餐。那個瞬間，我意識到重要的一點：如果你走向對方，並與他攀談，沒有人會咬斷你的頭啦！尤其是在你知道，而且也肯定對方的工作成果的情況下。那之後，我就以此調整了我的社交技巧。現在我對與人交談的能力，掌握得還算不錯。現在認識我的人，都以為我應該是個很外向的人。其實那不過是我努力學來的。內心深處的我，只想守在自己的研究室裡，拆解各種定理。」[37]

拓展社交能力的社交資本，是抱負得以施展、有成就感的人生的一部分。馬爾汀

37 Barabási, Albert-László: *„Erfolgsgesetz, das nicht immer gilt“*, Interview in ORF.at Science, 2019

在她值得一讀的著作《慣習》中特別提到「歸屬的藝術」[38]對功成名就職業生涯的重要性。人都希望，終有一天能與成功人士進行有趣、愉快的對話，並將話題帶到他們自身的職涯抱負上。但同時，要他們改變目前為止的人生規畫又看似不可行。另有一些人，比如年輕時的巴拉巴西也試過的方法。這類人不會坐等自己的社交恐懼哪天自動消失，他們反而會勇敢地投入讓他們感到困窘的社交場合裡。在心理治療領域所謂的「面質過程」（Konfrontationsverfahren），在現實生活中也是可能發生的：讓自己置身棘手的場面，直到自己能更放鬆地面對那些令人不安的場面。

你的職涯策略：你正處於共鳴迴路之中

尋求他人的建議意味著找到歸屬感。向他人求教是產生社交共鳴的能力，而社會歸屬感則又是每個人人生中最原始的議題。人是否能感受到歸屬感、自己想歸屬於哪些人或群體、一個人如何尋求、創造和找到歸屬感——這些疑問和考量因素就決定了職業生涯的發展方向。此外，這些疑問和考量因素也定義了人的生活態度、生活方式

38 Märtin, Doris: *Habitus. Sind Sie bereit fur den Sprung nach ganz oben?*, Campus, Frankfurt am Main, 2019 S. 112

和人生樂趣之所在。能夠向別人尋求建議、詢問資訊或說明是一種非常強烈的歸屬感訊號。如果沒有這種能力，想要談判成功或打動人心的機會就很渺茫。當人受到讚賞、表現令人驚喜、被人再次提問或得到傾聽時——也就是建立起親近感時——周遭的人也會敞開心胸，而且也準備好接納與自己南轅北轍的想法。略過這個階段的人，有時會不自覺展現：「我不知道這些規則，也不了解需要那樣做的原因。」而且：「我不需要你們，我也不屬於你們那一群。」務必留心，不要發出這種負面的潛台詞。對許多人來說，建立起歸屬感是一種不自覺而直接的過程。這樣的人早在幼兒園時期，在中、小學階段、在大學裡面、在剛步入職場的前幾年，就很清楚知道自己歸屬於哪一類人或哪些群體。他們會在休息時間聚在一起，彼此說著玩笑話或談論一些無關緊要的瑣事。這些互動讓他們或早或晚發展成朋友情誼。這正是這些人基本的直覺能力。他們的生活越充實，他們就越成功，也就能更順理成章地融入新的團體，破解加入新團體所需的歸屬感密碼。他們無須捨棄自己的身分認同，或將之置於險境，就可以在這個微妙的過程中找到歸屬感。

其他（同樣既聰明又可愛的）人對歸屬感就感到很陌生，甚至，建立起歸屬感對他們來說可能是一輩子的課題。沒有歸屬感對他們來說，反而是一種熟悉的感受。於是，他們會不知不覺中一次又一次地重新展現想要建立歸屬感的努力。雖然渴望歸屬感，但由於對這種感受並不熟悉，終究很難理解到，為了營造歸屬感這件事需要發展出某些特定能力的必要性。因為要發展出這些能力，需要與人接觸、需要有他人的共鳴，而這些正巧又是他們要面對的難題。

歸屬感是一種形成過程，並不會自動發生，即便從外部看來似是如此。我們所有人都曾經有過被排除在外的感受。在某個團體中表現突出的人，進到另一個團體裡面，可能就淹沒在人群中完全無法被看見。於是，人會根據這些經驗讓自己不斷適應新的條件。當他們意識到極限時，他們就會尋求新的應對之策。但有哪些應對之策呢？退縮和迴避，或是好奇和探索？踏上人生探索之旅的人，就會在新事物中看到機會。那麼，你該如何擺脫單人宇宙，進到職涯發展的共鳴迴路呢？

工作、能力和成功做不到，而歸屬感做得到的那些事

歸屬感是由共鳴迴路組成的。為此，需要自律。而這裡的自律，包含克制自己的長篇大論，並以在共鳴迴路裡面進行溝通取而代之。此外，培養對事物感興趣、好奇、隨時準備好讓人留下深刻印象的態度。

做到這些時，到底會發生什麼事呢？第一個迴路循環會從一個人到另一個人，再返回。在返回的過程中，對方受到鼓勵，讓他或她得以用正向看待和談論自己的方式來展現自己。要做到這一點，你也可以藉由以下的提問方式做到，諸如：「什麼原因讓你改變想法？」、「你怎麼做到的？」在提問之後，你會產生共鳴：「你打下的基礎真是太棒了！」接著，你可以提出自己的看法：「對我來說，始終很重要的是……」這一來一往間，相關聯處或共同點就會浮現，而見解也被再次重述、理解、證實和得到反思：「我們兩人都希望……」、「所以你的意思是……」、「這太有趣了，我之前都不知道。」原本的說詞，被以不同視角或更簡約的方式換句話說來得到證實。如果對話的雙方都感受到彼此關注的議題、價值觀和個性相合，一段的美好的友誼可能就此展開。

然而，理論上聽起來很容易的事，實際上執行起來卻並不一定如此理所當然：

- 一方面，因為擔任管理職的人特別容易過於低估自己發言的長度。這些人必須主動且有意識地處理這種自我欺騙的問題。
- 另一方面，職涯發展涉及許多或實或虛的考試和考核情境。因此，有抱負的人總想要證明自己的實力，並且這已然成為他們的習慣。他們想要讓人看到：「看過來！我把所有步驟都做對了呢！」

如何擺脫孤獨宇宙，讓自己進到職涯發展的共鳴迴路中呢？當你向人求教時，可能發生許多情況：

- 你找到歸屬感。
- 你看到解決方案。
- 你會看到能為你帶來成功和阻礙你成功的範例，並可以針對阻礙加以克服。
- 你內心的抗拒感和恐懼會逐漸消失。
- 你的自我效能期望和能力都會有所提升，因為你會知道自己能夠做那些事，而不是總覺得自己是個受害者。
- 其他人也會來向你請教，並因此又進一步強化了共鳴迴路。
- 你覺得自己是動起來的。
- 你會感受到信賴和忠誠。
- 你的信心會有所提升。
- 你會更努力追求幸福。

你也可以在線上空間中利用共鳴迴路。發布吸引人的想法和圖像，以收獲大量按讚數——這是話多和獨白的現代版形式。這種「溝通」方式會產生距離、使人與人之間變得冷漠，而非親近和善意。恰巧是共鳴迴路的相反做法。那麼，該如何在虛擬世界讓共鳴迴路發揮作用呢？

不該這樣做：

- 只是不斷發文。
- 發表與你專業領域核心議題無關的大師級言論。
- 上傳你在閱讀、滑雪、工作、理髮、玩樂、在醫院、在音樂會場合和在森林裡面的自拍照。
- 發布關於疾病、政治和最近遇到的難題的貼文。
- 負面論斷、批評、劃清界線、貶低他人的言論。

這樣做，可以讓共鳴迴路延續下去：

- 對他人發表的內容按讚。
- 追蹤別人的帳號。

- 慶賀他人的成就。
- 發表評論。
- 回覆評論。將自身成功的喜悅分享出去。
- 欣賞和讚美別人。

提出一些可以鼓勵他人以正向方式反思自己的有趣問題，比如：「這個你是怎麼做到的呀？」將人聯繫在一起，在虛擬世界發揮想像力，用美好的話語介紹雙方互相認識彼此。向目前正好有職缺的人推薦人選。

展現自信

在脆弱的時候向可以信賴的人或圈子內的人坦露自己的情感世界、分享憂慮、請求建議，是自我價值感穩定的表現。切記，不是在公開場合，而是私下或私密的情況下。有抱負的人在艱困時期不會刻意展現他們的堅強，但會堅定地展現他們的信心。能向人求教的能力，表現出人如何自在地在世界上為自己找到定位。他們感受到歸屬感、得到他人的支持，與人相處像在自己家一樣輕鬆，而靈活的心態讓他們在各種角色間的轉換有很大的彈性。在某種情況下，他們可能表現得軟弱，有時甚至不知道如何繼續下去。接著，在另一種情形下，他們又表現得強而有力，並散發光芒。所以他們給別人的評價都是溫和且充滿善意的。他們知道自己的弱點，因此對別人的弱點可以包容地視而不見。他們不會固守僵局或沉溺在自憐自艾之中。反之，他們會主動解決問題。

「只有弱者才需要建議」的職涯迷思，貶低了那些對別人的知識才學感興趣的人。這個迷思之所以讓人止步不前，正因為它關乎職涯發展的主要動力。前文曾提及的巴拉巴西，他的研究也證實了，學習階段及其後自身的職涯發展，都與和他人的接觸息息相關。根據數理分析，巴拉巴西的研究成果明確指出：「確實存在近似於成功的自然法則。」[39]成功人士都在做，卻不一定知道的，正是我們在本書中要探討，並且已經被巴拉巴西證實的：有一個通用系統，適用於所有職業且通行四方，而且套用在凡人與天才身上都合宜。歸屬感對職涯發展至關重要。這是二〇一七年，巴拉巴西

39 Barabási, Albert-László: *“Es gibt so etwas wie Naturgesetze des Erfolgs“*, Süddeutsche Zeitung, Nr. 98, 29.04.2021, S. 19; https://www.sueddeutsche.de/wirtschaft/erfolg-netzwerke-barabasi-1.5276996?reduced=true（原文作者擷取網址於二〇二一年六月三十日）

在對於成功的研究中得出的結論，也是本書的兩位作者在二十多年的諮商顧問工作中得到驗證的結果。成功需要很多人的助力。來找我們諮商的客戶迎來人生的新契機，往往是在意識到，他們有多少成就得歸功於他人，以及這些人對他們來說有多重要的時候。尤其是在他們的職涯發展遇到挫折、失敗，或感到孤獨時，仍然有人希望看到他們重獲成功，並樂意給予他們支持。

培養隨時樂意與人對話的情緒

了解別人如何克服困難、釐清可能的解決方案、明白為何有人感到痛苦，卻仍然表現得很堅強。這樣做，可以拓展你的感受能力，並豐富你的體驗與知識。你會心情愉快地欣賞別人的經驗，而一點也不想滿足於已經取得的成就，也不想在精神和情緒上停滯不前。你渴求繼續發展的機會、對別人感到好奇，或是對探索新知充滿新奇和熱情，這些都是加速職涯發展的助力。持續學習的人都是靈活的，他們可以輕鬆融入新的組合、語言、規則、公司和各種社團中。持續保持成功紀錄的人，會從別人身上吸收知識。

非正式商務會談不斷在共鳴迴路中進行。而這類對話基本上都受到以下問題的激勵：

- 你當時是如何克服難關的？
- 你如何帶領你的公司走出困境？
- 對於在這種情況下，我可以怎麼做，你有什麼建議嗎？
- 你認為我忽略了哪個細節嗎？
- 如果你是我，這種情況下你會怎麼做？
- 我該投資在這方面？還是另一個領域？
- 你覺得我向這家公司投履歷好嗎？
- 你從這家管理顧問公司的工作得到那些經驗？
- 導致這種情況的關鍵因素是什麼？
- 說服工會對你來說不難嗎？你是怎麼做的？
- 我現在還能做些什麼？

主動對別人的經歷展現興趣，並且提出開放式且有善意的問題，是一種禮節儀式。這些非正式對話多半不是連續幾個小時、深入探討直到深夜的談話，而是順著隨興的話題順帶提問、給出建議或尋求意見。這是一種允許話題在深淺之間輕鬆轉換的交談文化，在那些對話中不會出現成功故事或被要求做出任何聲明。涉及自身策略的議題，應該語帶疑問，甚至略帶保留地提及。沒有人需要提出論點試圖說服別人，因為大家都想更了解自己，並從對話中知道其他人的成功模式。那種心情是：「我傾聽別人在說什麼，從中學習，並自己推演出結論。我也分享自己的事情，享受這種輕鬆愉快的氣氛。」有時候，可能只是在用餐快要結束時，有人隨口說出的一句話。當下或許沒有特別留意，但後來卻成為引導自己職業生涯方向的那盞明燈。

常言道：「去做，就對了！」為什麼成功人士常說出這個句子呢？因為，想要成功發展職業生涯，只是勤於思考、不斷琢磨可能的阻力和找出自己的新弱點是不夠的。想要職業生涯有所成就，就要主動朝新事物走去。

第七個迷思：

運氣不好就無法升遷

這個迷思要說的是：

「有時還必須有機緣巧合來相助，不然所有的努力也只是白費氣力。」

有些成功故事聽起來就像童話故事般美好。無論是學界、政界、商界或藝術領域的成功人士被問到他們事業成功的關鍵時，他們多半喜歡回答：「純屬意外」、「我只是比較幸運而已」，或是「我只是剛好在正確的時間點來到正確的位置上」。接著，這些說法常常又被添上相應的故事。他們說的或許沒錯，但事實上為何他們的事業發展如此成功，而不是往其他方向發展，他們終究沒有講到重點。

他們因為運氣好而成功的說法，或許一方面是出於謙遜，因為不想自己的才華和決策過於引人注目。但另一方面，可能是他們真的不知道自己成功的原因。他們知道的真的沒有比外人多，而那些聽他們說話的人也就相信了這樣的說法。然而，那些在職涯發展過程看似不期而遇、不用努力的機緣巧合，在發生之前，往往都已經有醞釀很久的前篇故事。

這些成功人士中，有些人帶著驚懼的情緒回想起令他們感到痛苦的學生時代。當時，他們的成績表現頂多只能算是普普通通，父母整天為他們煩心不已，老師則以放牛吃草的態度對待他們。接下來的大學階段（唉！），反正肯定不是進到一所菁英大學。至於人生第一份工作，也不是在一家眾人擠破頭都想進去的知名公司。總之，成功的機會渺茫無望。在他們看來，有好長一段時間，似乎世界上就沒有他們的容身之處。每一份工作，不是這裡少了些什麼，就是那裡多了些什麼，使得其他工作看起似乎更好、更容易應付。他們曾經付出很多努力來調適自己，卻依舊表現平庸或一直處於邊緣人的狀態。那時候，有太多人比他們更優秀、更受人歡迎，而他們自己不是面臨被解雇的處境，就是找不到新工作。當時的他們都不是成功保證，但卻從這些歷程中學到越來越多經驗，而從未想過放棄，並且接受遠低於他們能力就可以做到的工作。想要職涯發展有所成，需要具備的能力也包含堅持、不沉溺於失望之中、隨時審視自己的行為和從錯誤中學到教訓。這樣就能發現抱負之所在。

四十歲的妮娜目前受雇擔任商務管理員。當年因為嚴重的考試焦慮症，才未能順利完成大學學業。她在一家物業管理公司工作多年。這份工作十分辛苦，工時很長、薪資微薄、社會地位又低，還要承擔很多責任，卻沒有晉升機會。十三年來，妮娜帶領一個編制上限四十人、幾乎沒有技術要求的雜工和清潔工團隊。由於她領導有方，漸漸成為年輕的人事部門主管和財會部門主管諮詢的對象。

這家物業管理公司目前有幾百名員工。有一天，在公司兼任總經理的合夥人兼突然辭世，持有公司所有權的家族臨時安插一位上了年紀的親戚來接任這個職位。這位接任者面對新職務，不僅能力捉襟見肘，他本人也顯得不太樂意接下這份工作。因此，公司的主任祕書越來越頻繁地來向妮娜求救，並不時請教妮娜這件事或遇到那種情況怎麼處理比較好。就這樣，妮娜突然讓公司團結起來，她激勵員工的士氣，改變組織架構，並且梳理了一些事務流程。只要妮娜帶頭做了，其他員工也會跟著她一起做。她為公司爭取到新客戶的同時，也為公司留下一些得力的人才。其實，她過去就一直在做這些事——只是，她一直在後台默默地做。妮娜沒有對人談起她如今對這家公司的重要性，所以別人看不到她在公司的影響力。不過，妮娜樂在其中，而且這也讓她的施展空間越來越大。持有公司的家族也看到了這樣的變化。終於有一天，這個家族提議，由妮娜來接手總經理職位，擔任管理這家公司的重責大任。

這家公司的總經理離世，純屬巧合。其他事況卻並非偶然。然而，只要妮娜沒有認清所有她做到的成就，要是沒有釐清自己內心有多大的抱負在推動她前進，她就無法說出自己成功的原因。如果自己的抱負無法施展在對的地方，工作就只是勞神費力的苦差事。至於這個「對的地方」是盡情揮灑抱負得來的，並非有什麼魔法讓它憑空出現。因為有抱負可以驅使人發揮出最大潛能，促使人想要精益求精，讓人到處都看得到發展的可能和機會，進而從中學習，並且為了成功而努力。在邁出職業生涯中關鍵的那一步前，往往需要幾年、甚至幾十年的辛勤付出。

剛踏進職場的初始階段，往往沒有什麼顯而易見的職涯發展機會。要想開啟這些發展機會，就需要你投注熱情。有時候，會有人在錯誤的地方待的時間太久了，每天只是見機行事、得過且過。最終，因為長期感到失望或是演變成職業倦怠，而無法繼續前進。或有些人只是因為遇到小小的難題，就過早或不斷換工作。或者，有人只想為自己遇到的困境或職涯發展停滯的狀況找到替罪羔羊，卻不想精進自己的能力或持續成長。在好的機會到來前，必須先讓自己的抱負掌握主導權，並得到學習的空間。

這是你成功的基礎。無論如何，職業生涯的艱辛過程是職涯發展的必經之路。任憑在管理、藝術、政治、科學或體育領域：沒有人可以在無須證明自己能力的情況下，就從制高點開始，或是憑空出世，或一步登天——即便是出身企業世家的子女也做不到。有些人在努力或付出達到初步的成果時，就覺得很有成就感了。能夠從一開始就熱愛工作、發揮所能並專注其中，確實是莫大幸事。但是，就此認為這只是運氣好的人，是沒有認清成就與努力之間的關係。

「然後我就很幸運，能坐在執行長旁邊。」過去已經有許多人，曾經坐在執行長旁邊的位置，但是，他們把握這樣的機會為自己的職業生涯做點事了嗎？或者，這些人的鄰座是一位專案助理，而這位專案助理看人的眼光剛好很被執行長看重。或是坐在他們旁邊位置上的人，正巧和專案助理很熟。他們只以為這些偶遇無關緊要，拿到名片後就隨手一扔。殊不知連同被他們扔掉的，還有他們原本的「好運氣」。無論你身旁的位置坐的是誰，無論你遇到的是董事長、助理或任何其他人，你都可以問問他們從事什麼工作、用滿懷敬意的方式回應對方、用心聽對方說話、認真了解對方，並帶上熱情簡短地提及你關心的議題與抱負，重點是「簡短」。見面之後，你可以寫張謝卡，為當時的對話讓你受益良多致上謝意。

策略和好運相反。策略需要的是紀律：待人親切、感恩、正向、對人尊重並定位好自己。在你的發展進度不如預期那麼快速又高遠時，相信巧合和好運固然可以減輕你的壓力。但自認厄運纏身的人，就會停止努力，只是依規行事。而相信成功只因機緣巧合的人，就無法培養出自我效能的概念。成功人士都清楚，他們職業生涯中發生的一切，並非是他們憑一己之力就能成就。因為即便他們自己有一股活力，現實情況也同樣有一股動能。但他們越相信自己能做到很多事，他們就會更有自信、對達成目標更有把握，進而知道如何採取更有效的行動——這樣就會帶來差異。對自己有信心的人，別人也會對她或他寄予厚望。這樣的人有能力將失望轉化為反省和行動，他們不會把自己的職涯抱負當作全贏或全輸的零和遊戲來玩，而是會持續付出努力。

這個迷思如何和你內心的抗拒感聯合起來，對你的事業發展造成傷害：

「我明明就看到那些事業成功的人運氣有多好。如果我也有那麼好運的機緣巧合就好了！」

職涯發展是一種自我培力（Selbstermächtigung）的過程。這種自我培力過程讓人走出感到安心的場域，進到充滿不確定性的情況之中——而且是在職涯發展過程中走向新境界的每一步裡面。為此，有抱負的人需要有脫離舒適圈的絕對意志。但是心理層面已經準備好許多抗拒的想法，唯有透過絕對的意志才能平息或克服這些內心的抗拒感。

為何職涯發展受到運氣和巧合影響的思維，會與內心的抗拒感如此契合呢？對於正好身處危機或面對失敗的人來說，這個迷思可以緩解壓力：「我不用對自己的命運負責。危機既不是我挑起的，而我也無法能阻止失敗的發生。我把一切都規畫得很好，但發生的情況讓人什麼也做不了。我明明和大家一樣優秀，只是別人比我好運而已。」用這樣的角度看事情有以下幾個好處：

- 你無須質疑自己的自我價值感，因為你不必承認自己不夠好，也不用面對比較的壓力。
- 你無須進一步探究問題發生的原因。
- 沒有人會被怪罪或受到譴責。社交氛圍可以維持一如既往的和諧。
- 你不用再努力、無須從失敗中吸取教訓，也不必做出任何改變。這真是紓解了很多壓力！因為每個改變都可能帶來新風險。畢竟，改變之後的結果充滿了不確定性。

- 你無須向任何人求教，也不用接受任何建議。你保留了定義自身發展情況的權利。

對於職涯發展剛有所突破或是剛升職的人來說，把一些他們還說不清的過程推給巧合或運氣好是最簡單的解釋。他們還不確切知道自己成功的原因，但只要給個說法就可以讓別人不再繼續追問下去。對於難以理解的事情，人們總是樂於嘗試賦予詮釋——所以，看吧！這時候命運往往是恰到好處的說詞。況且，這種說法還不會得罪任何人。因為不將成就歸功於自己，就不會招來別人的厭惡，也不會被認為傲慢無禮。再則，好運理論既然廣被社會所接受，就不至於引起別人的妒忌。相對地，好運很迷人。因為只要將成功的原因推給運氣好，人們就不必為成長或求學過程中可能享受過的特權待遇尋求辯詞或甚至為此道歉。至於另一些很少受到特權待遇的人，則可以藉此渲染他們人生中作為「弱勢」的處境，讓這份好運顯得更加不凡：其實我出身卑微，也沒有人脈——只是在一次活動上偶遇了某某人。

對成功人士來說，這個迷思會如此誘人，因為輝煌的成就也可能像失敗一樣帶來心理創傷。在我們的前作《抱負》中，曾經提到成功衝擊的現象（Phänomen des Erfolgsschocks）。[40]我們的心理原本就不是為在事業上功成名就而設計的。因此，輝煌的成就可能在任何人都沒做好心理準備的情況下帶來衝擊。衝擊到來的時間點往往令人猝不及防。於是，恐懼就出現了：「我會站不穩腳跟嗎？我的朋友和我信任的人會支持我嗎？我的歸屬感在哪裡？」甚至還會疑問：「這麼好的成績真的是我造就的嗎？或是，我值得得到獎勵和晉升嗎？」甚至在取得偉大的成就後，自信心也會變得脆弱，而懷疑：「取得如此成就的我現在是怎樣的人？我又該如何定位自己？」想要成功和真正取得成就是兩種完全不同的情緒。有時候，人反而在職涯發展上有所突破後感到退縮——而不是感謝別人或親自去邀請其他人來慶祝。有些人則是有所成就後還想證明自己的實力，完全瘋狂地投入到工作中，結果反而讓精神錯亂和認知失調這些心理問題有機可乘：「怎麼會有這種事！她獲得獎項提名，我想去發電道賀卻怎麼也連絡不上。她是躲進工作裡去了嗎？該不會是遇上什麼問題了吧？」

如果心智還不夠成熟，無法妥善處理面對重大成就的心情，這時常常就啟動了好

40 Assig, Dorothea & Echter, Dorothee: *Ambition. Wie grose Karrieren gelingen*, 2. Auflage, Campus, Frankfurt am Main, 2019, S. 189–194

運迷思的開關。

菲利浦說：「在印度清奈的那個大型資源回收計畫是由聯合國共同贊助的。當時我剛克服了所有官僚的阻力，成功了結那個計畫後，完全不清楚總部是否還有新職位能讓我回去任職。正巧就在那時候，我接到獵人頭專員來電——還真是天降好運啊！」這時候這個「好運」就顯露出來了。因為菲利浦在話語間拋出了幾個成功關鍵詞，讓在同一領域工作的人想聽不到都難：「大型計畫」、「資源回收」、「印度清奈」、「成功」、「克服阻力」。倘若菲利浦提到自己時總是這樣的態度，別人就會注意到、會理解到他說的內容並把他推薦給別人。

偉大的成就需要經過心理層面的消化，也需要紀律，以及如何將這些成就包裝為成功故事的智識。而在這一點上，與他人的溝通並不容易——可能的情況是，比如有其他競爭者，而且其他人也希望得到這份工作，或是其實已經「輪到」這些競爭對象升職的時機了。這時候，好運迷思來得正是時候，這樣你就不必面對一堆可能的問題了。

對重大成就的抗拒，不僅是以好運的故事呈現出來，還會顯現在有抱負的人所作出的那些無法言說的決策之中。因為那些決策看似經過理性的深思熟慮，實際上不過是傳達出對成功有著巨大恐懼的訊息。比如某人因為現在這個專案計畫必須完成，而拒絕了在另一個更大城市的理想職位；或是有人突然覺得目前在鄉下或在家辦公的生活如此美好，使出差變得一點吸引力也沒有；或可能是，房子已經蓋好了，要再搬家看來是不可行了。有時候，巧合反而成了一種保全顏面的說法：「集團要全盤重組，我的職位遭到裁撤——真是運氣不好。」是的，組織重組可能是個意外，但重組之後誰還保有工作、誰就此失業了，這可就不是偶然了。

要找理由總是能找到，而且都還聽起來很合理。只是，這些理由往往因為壓抑了人自我認識的過程（Selbsterkenntnisprozess），而阻礙了人超越自我的機會。英國說唱藝術家兼作家凱・坦佩斯特（Kae Tempest）曾經對這種必要的自我認識過程進行了精準的描述。她寫道：「我無法期待可以突然了解自己性格的本質——或是引導我生命的方向，或者，為何當Y給我帶來挑戰時，我卻要做X這件事——這樣想的當下，我正站在灶台前炒洋蔥。我必須付出很多能力，才能注意到自己的行為，而且，如果我希望改變自己的行為，就要付出更多努力。」[41]

41 Tempest, Kae: *Verbundensein*, 2. Auflage, Suhrkamp Verlag, Berlin, 2021, S. 113

缺乏解碼能力

有成就的人依循自己的抱負，在自己專長的領域成為專家，而不是如何打造、利用或宣傳自己成就的專家，甚至不是解析自己的專家。為何不是呢？因為他們無法解釋成功的原因。這正是因為他們之所以如此成功，對他們來說輕而易舉又理所當然。許多工作固然耗神費力，卻還是輕易就能做到，也因此讓他們認為，這不可能是他們成功的原因。

哈利是一位年輕的芬蘭工程師。新進參與了一家法國傳統企業的數位化專案工作。他撰寫了一篇精彩的策略論文。其實他對內容了解有限，因為大多是他從其他專家的研究中擷取來的概念。但通篇論文的表達方式、圖表呈現和統整資料的功力仍然給公司高層留下了深刻的印象。雖然整個會議的官方語言設定為英語，但哈利使用了一款很好的翻譯軟體，將他論文中的主要概念翻譯成法文。因為他知道，督導小組中有一位委員對英語比較沒有信心。之後，他被指名加入執行長的小型重要策略團隊中。

在被問到這次的成功經驗時，哈利告訴父母，自己其實對數位化沒什麼概念，只是很幸運而已。他無法指出，自己除了擅於理解他人的情緒外，在吸收和應用別人的成功語言，或是找到讓高階管理層容易接受的表達方式等方面的能力都特別好——不僅這幾件事對他來說易如反掌，他還會隨時觀察聽他簡報的人的反應。最終，就是這些對他來說自然而然的事，造就了他的成功。

許多有成就的人無法看到這些事之間的關聯，而看不到自己能力的特出之處。在任何考核面談或評鑑量表上，也找不到可以評鑑他們特殊技能的分類。甚至到目前為止，也沒有人可以說出他們特殊技能的完整內容。因此，即便是有抱負的人也很容易忽視自己的某項特殊技能。他們會尋求解釋模式，以便理解他們還不理解的事——於是，就想到了運氣好和巧合這兩種說詞。企業不會提供認識和理解個別特殊技能的訓練，但是企業會要人學會「社交能力」、「語言表達」、「同理心」和「溝通能力」等技能。公司要你學的這一切，就某種程度而言都是正確的。只是，這些能力無法傳達出身懷絕技的人獨有的抱負。於是，這些身懷絕技、有抱負的人也用這樣的方式評斷別人根本毫無可比性可言的職業生涯，並將自己與他們進行比較。

職業生涯都依循某個發展體系——抗拒感必須加以克服

我們在《抱負》[42]一書中，曾經探討過世界上所有職業生涯都遵循人才成長的發展動力。在第一層要盡力追求自身能力的提升，並依循抱負，逐步構建自己的職業生涯。到了第二層，所做的一切都以穩健發展職業生涯為主要目標。為此，需要穩定的心理狀態。而心理狀態要穩定，就要放下內心的抗拒感，以及對職涯迷思這類信念的信仰。進入第三層代表：為了順利發展職業生涯，你需要許多有影響力的他人為你助力。你需要與這些有力人士保持聯繫，而他們也應該不斷感受到你對他們的尊重與欣賞、受到你的邀請與餽贈。如此一來，才會產生正向共鳴，進而提升其他有理想抱負的人對你的善意，同時也增進你自己的成就感。在第四層要面臨的複雜過程，就是要找到自身要扮演的角色和打造自己的舞台。

這四個層次並非依序先後發生，而是不斷反覆出現。這一次可能是這一項更重要，下一次又是另一項優先。就這樣，最外圈提到的幾個成果漸次顯現出來：歸屬

42 詳見：Assig, Dorothea & Echter, Dorothee: *Ambition. Wie grose Karrieren gelingen*, 2. Auflage, Campus, Frankfurt am Main, 2019, S. 23

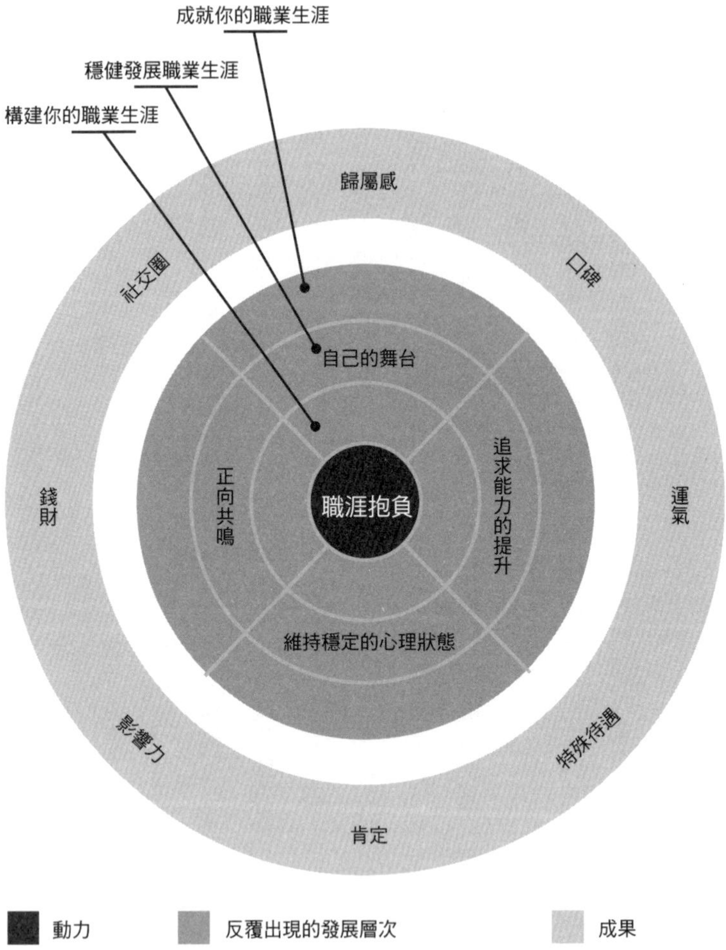

成就你的職業生涯
穩健發展職業生涯
構建你的職業生涯
歸屬感
口碑
社交圈
自己的舞台
追求能力的提升
正向共鳴
職涯抱負
運氣
錢財
維持穩定的心理狀態
影響力
特殊待遇
肯定
動力
反覆出現的發展層次
成果

感、口碑、特殊待遇、肯定等。職涯發展需要將不同、有時甚至是相對立的各種能力整合到一個人的性格之中。這其中便涵蓋認知到己之所長，且能將自己的才能宣揚出去的能力，以及向權威人士學習並仰慕權威人士的能力。

我們以作者的身分撰書解析職業生涯，並陪伴客戶穩固他們抱負遠大的職業生涯。時間越長，我們越能清晰地看到妨礙人施展才能的內心抗拒感有多難解。在他們的成就有所增長時，他們的成功意識並未隨著提升。當人受到疑慮和社交恐懼的支配，或是當他們無法從失敗中學習，或是取得重大成就，無法藉由歡慶和感恩來穩定自己的心理狀態時，他們就會因為自己的失敗而感到心灰意冷。

這種失敗在不知不覺中逐漸發生。比如一位四十五歲的業務員，晉升到掌管整個德語區的營業部門主管後，在工作上投入更多時間和精力，而不再花時間和那些提拔他與舉薦他的人保持聯絡。他想要在上任後以最佳銷售數據，證明自己確實有實力坐上這個主管的位置——「總有一天，他們會注意到我有多厲害。」其實，他的老闆早就知道他的能力，因而對他急於表現、想提出更多績效進一步證明自己實力的做法反而感到有些不滿。

他沒有和管理高層搏感情，反而只是和自己的團隊埋頭苦幹。對於團隊以外的人，他既沒有定期，也沒有非正式地進行溝通、告知或尋求意見，只是潛心鑽研各項預測數值和報告。於是，過一段時間後，有傳言他因為埋首工作消失在其他人的視線中。而且，隨著時間推移，也被注意到一些小失誤。對於這種失去信任的氛圍，他本人則是一無所知。結果，他被認定能力不足。最終，一位會定期與這位新進主管的老闆溝通，並被視為人才的年輕女性被安插到他身邊。就這樣，他自己長時間沒注意到的降級就不可避免地發生了。

突然且戲劇性的降級，深深打擊了原本胸懷抱負的人的自信。能力強但性格內向的卡拉瑪麗雅，突然遭到辭退的那一天，也是經歷了這樣的打擊。遭到解職發生得很突然嗎？其實，卡拉瑪麗雅的職涯發展一直受到個性活潑外向的蘿拉牽連帶動。蘿拉是公司運營團隊的一員，過去兩人在大學時還是同學。這兩人無論在職場上或是私人生活中總是形影不離，也因此能夠以創新產品取得輝煌的成就。後來，蘿拉離開兩人任職的公司，到其他地方繼續追求自己的職涯發展。這時卡拉瑪麗雅就顯得落單了。畢竟過去在公司裡，她不曾和人聊到自己的事、除了蘿拉，她也不曾感謝過其他人、不曾與其他人一起去午餐或喝咖啡。結果，不是卡拉瑪麗雅的成就和能力不為人所知，就是大家都認為，過去那些成果全是已經離職的蘿拉一人的功勞。在縮減預算的考量下，公司刪去卡拉瑪麗雅的職位。

滿足陷阱讓人無法再進步、令人脫離學習模式、讓人無法感知訊號、不願聽取建議，或是對現況感到滿意而想原地踏步。然而，心態因此停滯了。或者，他們會將無法晉升的原因歸咎於當下的局勢。這些人不僅缺乏突破自身思考習慣的能力，也無法發掘突破既有思考習慣的樂趣。

從中階管理層到高階管理層的過渡階段，需要另一種行為態度：包容、感恩、尊重、欣賞、平等對待、對成功有信心——而這些正好是一些人沒有把握可以應付的挑戰。「我現在這麼努力，非但沒有得到任何感謝，還只是不斷被主管拿捏、打壓和提出要求。然後，現在還要我去向他感恩戴德嗎？憑什麼？」許多有抱負卻做不到這點的人，為了減輕自己的壓力，會尋求培訓師的協助，以從自身的憤怒泡泡中得到激勵的力量。結果，他們的做法是：批評、攻擊上級主管、更堅持自己的主張、用更狡詐的手段加以報復，或是維持原樣，因為他們無論如何都想要保有「真我」。此外，還有一些滿懷關愛之情，卻沒有任何專業知識和經驗，自認為顧問、輔導老師、朋友的人，不斷在身邊勸說那些有抱負的人應該放棄可以發揮影響力的職位。而且，他們的說法都很誘人：你為什麼還要那麼努力？追尋你的夢想吧！把你的興趣發展成你的事業，不如就出來創業，開間自己的小商鋪……結果呢？幾乎都對職業生涯、經濟狀況、未來和運氣帶來不良後果。然而，這些不良後果並非提出這些建議的本意。因為照理說，這些建議應該是以讓人活得更輕鬆自在為目的，只是它們並不適合胸懷抱負的人。畢竟，有抱負的人內心有關注的議題，也不想因為處境困難就被勸退。過去他們很努力，也有很長一段時間頗有成就。只是在遇到失敗後，他們非但沒有從中學到教訓，反而是嘗試找出和他們遇到的情況對得上的職涯迷思。於是，人們就這樣慣於做低於自己能力的事。

你的職涯策略：看到機會和機運，並準備好迎接意外的發生

你曾經遇過以下這樣的情況嗎？以前指導過你的教授打來電話，邀請你為他主持的線上論壇進行一次線上講座。當下你沒有多想就答應了。然而，就在你應允下來的瞬間，你才想到那個日期，正巧是你母親生日當天。而且，線上講座會有哪些人參加、主要聽眾的設定、是否提供報酬等資訊，你一無所知。你甚至不知道，這樣一次線上講座對你的職涯發展是否有加分的效果。整件事情，原本只是一個你可以簡短婉

拒的請託，但你並沒有那樣做。而且你也知道，為了這件事在自己母親的生日派對上消失一個小時，肯定能得到她的諒解。你好奇又期待，屆時的講座會是怎樣的情景。你想著，或許是某個學生研究專案的結案活動。最後得到的答案是：這次線上論壇的活動是德國金融業界的年度盛事之一。

這種狀況就是「機緣巧合」。指的是，遇到一些並非刻意追求的事物。只要人對新事物抱持好奇和開放的態度，「機緣巧合」就可能發生。你的潛意識非常了解你這個人，因此總是可以非常快速地做出反應。過去你曾經養成的各種能力，對於突如其來的機會隨機應變就非常重要。前述提到的情況，會讓你聯想到什麼呢？是不信任和懷疑，還是充滿熱情和感謝？勞心勞力和辛苦付出，還是新奇和累積經驗的嘗試？吃力，還是開心？害怕，還是充滿激情？熟悉的感覺，還是覺得事出突然？

充滿活力的生活決定了一段職業生涯對你而言的可行性：與人相遇、交談、進修、慶祝專案進展順利、大型會議、商務展會、茶水間的閒聊，或是私人邀約行程中，剛好有人順帶提到一個有趣的進修課程，而聽到這個順口一提的人之中，正好應和了這個話題。或許恰巧就是這樣的機會讓他們遇到自己未來的老闆呢？這種情況就是：有趣的好機會不會突然降臨，這些機會很容易被忽視、往往不在計畫之中、轉瞬即逝，而且很快就會錯過了。

有著諸如「公共服務數位化」或「家具產製符合氣候中和概念」等抱負的人，都能看到並抓住機會，因為這些機會和他們的興趣在同一陣線上。成功人士都有這樣的心態。機會在哪裡，他們就會在那裡，即便機會並不是每次都能明確看得到、即便結果還未可知，甚至可能無法實現。即便他們為了某個機會必須踏上一段令人不快的旅途、接受一個聽起來不吸引人的邀請，或是必須讓一位要求很多的客人留宿——他們也會應允下來，不會拒絕，因為他們有信心和好奇心去接受意料之外的事，而以喜樂的心境迎接意外的到來——因為這些意外都有可能是極其正面的事情。在做出承諾之前，他們無須克服社交恐懼、顧忌、疑慮和不安全感等因素帶來的阻礙。他們也不會提出任何要求，例如：「除了我以外，還有誰會出席？如果某甲不會出席、某乙會到，而且地點便利，我就樂意參加——如果沒辦法的話，歡迎您下次再邀請我吧！」他們不會有或也不會說出這些感受，他們的內心可以輕鬆自在地決定接受或拒絕邀約。

培養讓你得以施展才幹的能力

意想不到的事情經常發生——只是對於有抱負的人來說，並非每件意料之外的事情都很重要。他們在意的，並非諸如獨自歷險、浸淫在藝術的氛圍中、瑜伽、大自然、極限運動、大膽做夢或是平靜冥想等這些事。他們關心的是認識尚未熟悉、充滿不確定性，且有助職涯發展的新人脈。而這些新人脈必須在非正式、真誠的人情氛圍中才能感受得到，且往往在初始階段令人感到害怕，就像是：「在這個圈子裡的人會歡迎我嗎？我夠引起人的興趣嗎？我這麼做值得嗎？我是實習生中唯一的高階主管嗎？我有合適的衣服穿嗎？我可以貢獻什麼呢？」有些人在事過境遷後才意識到，他們曾經有過怎樣的機會，但最初的當下並沒有察覺到，因為過去的他們不夠勇敢、有自信。或是過了好幾年後才知道，當時對他們來說某個看似無關緊要的邀約其實有多重要，但當下卻被他們以高姿態拒絕了。於是乎，失敗完全不冤枉，而是必然發生的結果。

無獨有偶，國際知名的麻省理工學院天文學家與天文物理學家安娜・弗瑞貝爾（Anna Frebel）教授與挪威推理小說家奈斯博都認知到，真正有才能的人也都有施展自己才幹的能力，而且這種能力既不會自動出現，也不存在巧合。有抱負的人必須具備施展自身才幹的能力。一度被認為是足球界希望之星[43]的奈斯博，曾經以挪威籍英國曼徹斯特足球隊天才球員厄林・哈蘭德（Erling Haaland）為例，分析了一位好的足球員和一位偉大的足球運動員職業生涯之間的差異後，精闢地提到：「他……發揮自身天賦的才能。」[44]這一句話，讓本書的兩位作者都為之振奮。沒有更好的表達方式了：短短一句話就點出，為何有那麼多人的職涯發展會失敗或成功。

伊莎貝拉除了很有才華外，還有個很特別的天賦。她從小就喜歡黏在華特叔叔身邊，常常去叔叔家玩。華特叔叔有座收藏豐富的書房，而伊莎貝拉有辦法讓華特叔叔答應，在他家舉辦她讀書會的第一次聚會。後續伊莎貝拉又把為學校校刊撰寫的文章和詩歌，投稿到「真正的」報刊雜誌上，並且隨件都附上了親切的問候信。伊莎貝拉就這樣和那些報刊雜誌的編輯群有了聯繫。她上寫作課、參加寫作競賽，或組織詩歌朗誦比賽。大學期間，她也在課餘為報社打工——甚至無償工作——只要報社方願意刊載她的作品。言談間，她喜歡提及自己對寫作的熱情和抱負。同時，很久以前，她

43 Nesbø, Jo: *Harte Landung*, Süddeutsche Zeitung Magazin, Nr. 3, 2022, S. 18
44 Cáceres, Javier: *Das ist Killerinstinkt*, Süddeutsche Zeitung, Nr. 108, 2021, S. 33

就開始試著和出版商或有審稿資格的人取得聯絡。最後，伊莎貝拉這個總是坐在教室最後一排，經常因為活潑好動干擾上課秩序的小女孩，終於成為著名的文學家。這樣的結果雖然無法預先知道，卻也並非偶然。

發揮自己的才能這個原則，不僅適用於整段職業生涯，也適用於所有職業。對此，天文學家弗瑞貝爾也提出說明：「……只有專業能力是不夠的。除了實際的物理條件外，還需要工具和參與的意願。比如，你要學習如何發表能打動聽眾的演說；要學會如何在專業圈子或大型會議中被人看見；學習如何和團隊一起工作時，自己努力的心血不會被別人搶了功勞。當然，也要學會如何將科學論點簡潔明瞭地寫下來。」[45]

化解阻力是一種解放

只是，多數人並非生來就有施展自己才幹的能力，而是需要一段嘗試的過程。不是每個四歲的稚齡小童爬上鋼琴椅，就能直接聽聲辨音彈出曲調；或是在完全不會算術的情況下，就能在自家門前擺攤賣起檸檬水。即便有能夠做得到的人，也只是天才

45 Illinger, Patrick: *Sterne*, Süddeutsche Zeitung, Nr. 174, 2021, S. 60

中的天才。

但是，如果沒有鼓勵和機會，環境就足以摧毀任何抱負。即便是有雄心壯志的成年人也會不斷遇到這樣的場景：他們的理想得不到支持之外，還在想要「展翅高飛」時，被周遭的人強力勸退。於是，這些有抱負的人只好被迫降低對自己的要求。此外，多數公司採行層級制度，越往金字塔頂端，位置就越少。也就是說：只有極少數人能在職涯發展上到達金字塔頂端。就算是出自菁英名校的畢業生，也無法搭上職涯發展電梯直接坐上董事長的位置。

發展職業生涯需要堅定的意志、充分的自信，以及想要在人群中脫穎而出的內在動機。設定高遠目標後，確定這個目標是可行的，接著就是無論最後可以達到怎樣的高度，付出的每一份努力都是值得的。心理層面會受到挑戰，因為門檻會隨著每個職涯階段的要求不同而出現變化。所以，儘管接受可以帶來更多影響力或需要承擔更多責任的晉升機會吧！因為即便你失敗了，你也得到了寶貴的經驗。更重要的是，在那些位置上，你有機會與重要的人脈產生交集。

三十二歲的吉姆從事業務工作如魚得水，因此受命管理一個由年輕業務人員組成的小團隊。吉姆的團隊合力為公司成功簽下幾個重要的訂單。現在他有機會擔任德國北部某地的區域業務主管。未來在公司的位階更上一層樓後，他便可以直接向德語區的總經理報告事項。只是，接下這個任務也有很大的缺點：第一步，他還需組建起自己的新團隊。此外，目前為止，當地的營業額非常差，而且當前還處於持續下滑的趨勢。這意味，未來他可能不會再那麼容易得到肯定。再者，他還必須為了這個新職位搬家。吉姆懷疑，一旦他離開現在的職位後，他原本在公司內部的競爭對手會著手接手他原來經營的團隊，還會直接收割原本由吉姆爭取到的成果。到底該不該這麼輕易捨棄已經打下的江山呢？吉姆感到很猶豫。德國北部的新職務真的是一次機會嗎？是的，因為晉升標準會隨著職涯向上發展而改變。吉姆很努力，所以取得很大的成就是不容置疑的事。但無論如何，他現在都必須答應接下新的職務，因為如果沒有向總經理靠得再近一點，在職涯階梯上他就無法繼續往上爬。現在是他施展職涯抱負的機會。初始階段，他只須將努力和成就專注在運營相關事務上。善用每次機會來提升自己的能力。這是橫向入職（Quereinstiege）的好處：職掌範圍擴大，同時也有機會接受更多培訓與進修。往後，在初始的幾個管理職中，與專業領域相關的機會所佔據的分量會越來越少，甚至是不再重要。因為所有身居要職的人都能夠做很多事，而且都能提出很多成就證明自己的能力。這時候，想以卓越的績效脫穎而出幾乎是不可能的事情了。這就是為何有些人在自己的專業領域表現傑出，卻遲遲等不到晉升機會的原因——因為他們只專注在自己的績效表現上，卻忽略了社交層面在職涯發展過程中的重要性。在職涯發展過程中，他們不斷有機會在位階相當的職位間橫向入職：亦即，換到不同工作崗位，或甚至工作變多，但職階沒有晉升。工作做得好不會讓人升職，只是呈現出當前的能力表現。有人在某個職位上表現出色，她或他未來應該也樂於留在原來的職位上。

隨著職業生涯向上發展，機會都會變得更不確定、更令人看不清。許多人在進入職場之初並沒有強烈的升職欲望。這些人初來乍到，忙於熟悉環境、找到自己的定位、達到工作要求和調適自己以順應環境。對他們來說，一切都是重大任務、一切都是新事物——無論是在心理層面、溝通、社交與情緒感受上。然而，一段時間後，他們會察覺到：「還有更多事情要做。我想創造以及承擔做出決斷的責任的意願正在增長。」義大利暢銷書作家艾琳娜．斐蘭德（Elena Ferrante）補充道：「只有天分是不夠的。沒有教育的養成，會讓我們把長久以來積累的常識誤以為是我們個人的新發現。感受到內心的藝術使命在召喚的人，有責任不浪費這份天賦。而他要做的，就是接受自己內心的聲音。不做違背心意的事，但求不浪費自己的創作才華。因此，比較好的做法應該是隨著時間的推移，讓學到的技能可以為己所用，而不是隨波逐流。找到值得仿效的對象，打造出自己的鮮明風格，並從中揮灑你的才華和熱情。」[46] 斐蘭德對藝術提出的見解，適用於每種職業生涯：

- 找到（並欣賞）值得仿效的對象和權威
- 建立在現有的知識體系基礎之上
- 不要容易滿足於現況
- 維持在學習模式
- 忠於自己的抱負

46 Ferrante, Elena: *Zufällige Erfindungen*, Suhrkamp Verlag, Berlin, 2021, S. 189–190

第八個迷思：

不就剛好有（或沒有）對的人脈

這個迷思要說的是：

「無論我有多優秀，那些人脈廣的同事總是受到提拔的首要人選。職涯發展要順利，還是要靠人脈。」

這個職涯迷思有種沉重的無力感。早在「那些上面的人」和「我們這些下面的人」這類思維還根深蒂固地存在社會現實面的年代，這個職涯迷思就已經寫入我們的集體記憶之中。高層的職位都是保留給貴族、資產階級或軍事將領，有些菁英圈只有出身富有家庭的人才有資格進入。過去，如果有人在某一世代，或經過幾代人的努力，從鋪磚工人轉變成建築營造企業家，或是從經營雜貨鋪成為國際知名飲料品牌的老闆，就會被那些既得利益者帶著「上位者姿態」，不無貶低地稱為「暴發戶」或「新貴」。而且，對於這些人如何努力達到現今的地位，還會夾帶一定程度的不信任，認為：可能是以犯罪手法，或至少也是以不道德的手段取得的。這類「職涯發展」的歷程對這些既得利益者來說，既無法理解、充滿神祕色彩，也很可疑——總之，必定有什麼不光彩的事。無論這些新晉成功人士的消費能力如何符合他們的身分地位、提出大額捐款，或是做了其他努力，想要試著融入上層圈子，原來的資產階級都不想與他們扯上任何關係。原來的資產階級寧願守在自己既有的社交圈內，擔任社會結構、地位、氛圍營造和職業生涯的決定者的角色。

職業生涯早就由出身決定好了的觀念，必然牢固地深根在許多人的思維中。畢竟，過去幾百年來，有支持力量的人脈是上層階級的特權，這樣的觀念一直是不爭的事實。

然而，那之後的世界——至少在西方商界——發生了劇烈的變化，而企業界也跟著出現巨變。開始有人認為，出身弱勢階層的人也可以憑藉自身的努力得到晉升機會，而會持有這種想法的人通常自己就是這樣一路走到成功的地位。因此，他們無法理解那些做不到的人，也不接受任何藉口：「如果我能做到，他們必定也能做到：打從底層崛起的富人反而對窮人的困境鮮少有同情心。」[47]如今的世道，即使身處逆境，也能驅策自己的職業生涯往前推進——然而，實際情況卻並非總是如此。

企業界的改變

自一九七〇年代以來，隨著六八學運世代當年的學子紛紛接掌管理職，社會規範大幅自由化的成果也不斷出現在公司行號中。這些人對舊規範都有所質疑，並要求給目前為止的弱勢族群更多參與表決權、機會與權利。這些人不僅促成了一九七二年新的企業組織法（*Betriebsverfassungsrecht*）的頒定，賦予員工和職工委員會更多參與決定的權利，更也在德國推動了一九八〇年代影響深遠的團隊與組織發展理念，讓所有團隊成員都能共同參與任務的執行和決策。當時的職場環境出現了劇烈變化，許多原本僅因職階而擁有權威的主管級人員，在大規模的「整頓改革」中遭到革職。越來越多

47 這是由加州大學學者具賢珍（Hyunjin Koo）帶領的心理學家團隊進行的一項調查結果：「如果我能做到，他們必定也能做到：打從底層崛起的富人反而對窮人的困境鮮少有同情心。」原出處：https://www.researchgate.net/publication/360805071_If_I_Could_Do_It_So_Can_They_Among_the_Rich_Those_With_Humbler_Origins_are_Less_Sensitive_to_the_Difficulties_of_the_Poor（原作者網址擷取於二〇二二年七月八日）。本書作者是經由《南德日報》（*Süddeutsche Zeitung*）於二〇二二年七月五日的一篇報導中獲知這項研究。

女性受到拔擢，企業發展也更趨國際化。公司的董事會席次突然出現印度、美國或瑞典等多元國籍的成員，而英語也成為某些公司通行的語言。到處都瀰漫著前所未有的蓬勃發展氛圍。

在一九九〇年代，大型跨國顧問公司的年輕企業顧問終於得以進到管理高層。高智識人才來自社會各階層，而作為員工代表的監事會想要一種新「精神」，一種更能展現靈活度和國際化的簡單風格。對他們來說，家庭出身和「關係」一點也不重要。「老男人際網絡」（Old-Guys-Networks）日漸崩潰，舊式菁英不斷失去重要性。

繼而，十年之後，進入二〇〇〇年代，來自各種不同家庭背景，共同點都是很有想法的創辦人和技術宅設立了各種大、小型公司，甚至是大型集團式企業——這些人僅帶著抱負，或只是以一個車庫為起點白手起家。這些創業家中有許多人形成了新的菁英圈，並找來同樣出身普通家庭、過去志同道合的老同學加入管理團隊。

那麼，現在的情況如何呢？如今幾乎在所有企業中的人事部門負責人，都致力於肯定個人的能力。家庭出身只有少數所謂的「白人老男」，也就是來自舊式菁英階層的決策者，才會重視家庭出身。因為這些出自舊式菁英層的決策者不自覺地講求盡可能和自己的相同點，厭棄差異性和多元化。時至今日，還是可能發生德國裔的人事任用決策者偏好任用德國裔應徵者的情況，或是男性主管完全容不下製造部門有女性員工的情形。

然而，這種觀念如今在世界各地都逐漸式微。越來越多企業努力以各種方式消弭偏見，比如精心設計出科學的考核流程、將多元化和反歧視納入管理規章、設置權限範圍的多方控管流程等。他們想要最優秀的人才，並且會協助有抱負的人有效管理自己的職業生涯。

如此一來，層級制度對所有人都變得更有彈性。知識工作者形塑公司，而菁英階層也在改變。即便不以追求管理職為目標的專家，也能得到良好的職涯發展機會。

要克服「派系」或「裙帶關係」這類現象，或許還需要一點時間。因為在某些行業裡面，至今還存在家族企業現象，以及因此產生錯綜複雜的關係。但是，在社會大眾的嚴格監督下，媒體、司法單位、行政部會，以及企業自身越來越常揭發貪腐、歧視和舊派系勢力之間的非法協商等情事並加以杜絕。要求業務執行合乎規範，如今已然是董事會存在的其中一項重要功能。[48]民主透明度持續進步，醜聞也一一被揭

48 合乎規範意指企業結構與運作流程，比如待遇平等和反貪腐等，都遵守法律規定。

露——或許，還要數十年才能看到真正的成效。

所有心懷抱負的人都有機會打造自己的職業生涯。這不是未來，而是當前正在發生的事情。世界不僅是更開放，也變得更寬廣了。數位化和全球化讓許多事情成為可能。任何人都可以取得許多資訊，無論是關於企業、新職缺、進修機會、產品和工作方法，以及如何成功。從產製部門到最高階的管理層，到處都有職缺。

過去幾十年來，出身背景對職業生涯的重要性持續下滑。反之，步入職場之初所建立起、持續聯繫和擴大的人脈，重要性卻不斷提升。迄今，西方企業界還沒有新的職業生涯闡述視角，對於開放的層級制度也還沒有太過自信。因此，認知到自身需求和主導自己職業生涯的重要性，目前還未成為普遍意識。許多人仍舊堅持，要和那些晉升的不成文規則以及「白人老男」奮戰到底。殊不知，現在已經沒有這個必要了，而且這樣的堅持有時甚至還可能成為障礙。之所以會成為障礙，是因為已經畫地自限，而想像不到其他可能性和機會了。

事實是公司內部所有人的機會範圍都更寬廣了，只是集體意識還未察覺到這一點。許多人還認為：「可惜我不像其他同事一樣，有那麼強而有力的人脈。」並以此當作自己的職業生涯無法向上發展的藉口。他們不知道，如何以自己的力量建立起珍貴的人脈關係。

自欺欺人和職涯發展停滯

如果有人想要追求職涯發展，卻又固守既有成見，既不肯改變也不願意學習時，這些人通常會用一種狡詐的招數來隱藏自己的這些心思：他們會向那些對他們所處專業領域毫無概念的人尋求建議。突然間，健身教練說的話變得很有分量，度假期間認識的天真又親切的人也被重新定義為諮詢對象，甚至以前那個你從不會對他透露自己收入的好朋友，如今也變成熟捻成功之道的顧問。只是，從這些人給的建議中，通常鮮少得出什麼好的結果。

既然如此，人們又為何會想要隱藏自己不想改變的事實呢？因為展現出自己是個願意改變，且願意學習的人，不僅是個人的追求，也是社會的要求。對此，美國哲學家瑪莎．納思邦（Martha Nussbaum）教授曾經做過精彩的分析。[49]根據納思邦的說法，人（即使面對自己時）可以將自己的抗拒感隱藏得很好，並堅信自己所做的一切

49 Nussbaum, Martha: *"Die Meisterin des guten Lebens"*, Hohe Luft kompakt, Sonderheft 1/2015, S. 46

都是對的。向他人尋求建議，可以讓他們覺得自己是個開明且有學習意願的人，但實際上，他們只是想和那些無法引導他們深入探討問題的人對話。

即便是能夠完全不受他人影響，但是始終無法擺脫預設立場和各種職涯迷思的人，也已經為自己選擇了職涯發展停滯這條路。因為職業生涯既無法借助任何外部力量，也不是由演算法打造出來的，而是由你認識的人，和是聽說過你的人成就而來的。無論你想要什麼，你都需要有能助你實現願望的人。

誠然，你的職涯發展始於你自己、你的抱負和你的投入。但是，除此之外的所有其他條件則取決於他人。「每份工作都提供了建立起業務上往來的關係和拓展人脈網絡的機會。即使未來你轉換跑道，你怎麼也想不到，或許現在和你有接觸的人可能和其他領域的人也有什麼關聯。」[50]

席琳現年四十五歲，在一家規模頗大的知名事務所擔任專業稅務顧問。其實她想成為事務所合夥人的念頭已經有好多年了，只是她的願望一再受到忽視。其他人，就連資歷更淺的同事，都比她更早成為事務所的合夥人。席琳明確地把這樣的結果，歸

50 Pollak, Lindsey: *"Unzufrieden im Job? Warum Sie trotzdem bleiben sollten"*, Harvard Business Manager Online, 15.02.2022

咎於她與高層主管和事務所的大客戶接觸太少。事實上確是如此！其他同事受邀參加忘年會、一起去滑雪、到荷蘭的艾塞湖體驗帆船巡旅，並且被納入事務所合夥人的圈子裡。如今席琳也看開了，因為她既沒有繼承到一個可以讓她遮風避雨的小窩，也沒有繼承到一艘遊艇。此外，她現在住的公寓適合活潑好動的小孩，完全不適合作為優雅地接待賓客的場地。唉！現實情況就是這樣！

在她終於簽下一位爭取很久的大客戶，確定了一筆所費不貲的諮詢費後，她雖然得到一筆豐厚的獎金，卻仍然被排除在合夥人人選之外。現在，席琳終於下定決心要做些改變。她想讓自己擺脫無能為力的絕望感，並主動出擊，為自己的晉級之路努力。

過去，席琳是個只看結果的人。她認為：沒有人脈，就沒有在職業生涯大展身手的機會。但她卻看不到，這些人為了與人脈建立關係，刻意參與了多少活動。現今，可能除了極少數父母家原本就有許多菁英人士出入的權貴人士外，幾乎沒有人可以「就這麼容易」和含金量高的潛在大客戶拉近關係。即便是受到父母輩庇蔭的權貴人士，也要傾盡所能去維繫、保持和拓展人脈。

所以，席琳必須去打聽這些潛在大客戶的聯繫方式，接著還要打通聯繫管道，並且維持和擴展這些關係——就從她今日的立足之地開始。由於她有固定跑步的習慣，她開始組織一個慢跑群組。到了夏天，當她帶著孩子們到湖邊野餐時，她也會邀集同事和他們家人共同參與。如果她到另一個城市，她就邀人一起到當地的高級飯店共度早餐時光。

當然，職業生涯要發展得好仍然需要人脈，沒有人脈就無法有大成就。但是，人脈可以主動建立，而且這是每個人都做得到的事。只是，與人聯繫不能委託他人代你執行。也就是說，每一次的聯絡都要由你自己來做。坦佩斯特曾經在一篇文章中提及，建立「連結感」會涉及的作為時，指出：

> 「我既不能無來由地隨手捉住連結感，也不能期待連結感會憑空從天降臨。但只要這種情況真的發生了，我就會傾盡所能，營造一個歡迎它到來的氛圍。」[51]

51 Tempest, Kae: *Verbundensein*, 2. Auflage, Suhrkamp Verlag, Berlin, 2021, S. 113

積極正面的職涯發展新思維會慢慢嶄露頭角，因為舊限制還持續影響著人們。

在商界或政界高層，還有一些團體的人不受輿論或任何控管的限制持續享有特權。有些有抱負的人在經歷過這種情況後，就一概而論地認為仰賴人脈是不道德的行為，並因此拒絕和有影響力的人建立更緊密的關係。

相信「上面那些人」和其他「勤奮的笨蛋」這類說法的人，就會陷入無法發揮影響力的負面情緒中。而覺得自己沒有影響力的人，很快也會覺得自己沒有價值。「你可別以為自己有什麼比別人厲害的地方。你就放棄吧！反正也不會有什麼改變。錯誤的期待只會讓你更不快樂，最好還是做個好人，滿足於你的現況吧！」過去幾個世代的人所持有的這種放棄努力的職涯發展思維，深深影響了人自身的性格，並阻礙了人們的內在動機。持有這種想法的人就無法做到，在原本從事的工作之外，積極活躍地建立起有助職涯發展所需的人脈。

許多人都很聰明。有時候，有些人聰明的程度甚至還遠超過其他人，卻還是不斷發現自己身處邊緣人的角色之中：他們彷若看透世事而憤世嫉俗的人，或作為勇往直前、敢說真話的堅定鬥士，或是想法離經叛道卻沒有人把他當一回事，抑或是有創意的自由思想家，經常和一群有趣的人在一起、私人生活十分精彩，並因此認定公司裡所有人的能力都不如他們。所有這一切都是劃界反應，這些人都希望自己在公司裡面的形象是積極正向的特殊分子：他們希望由一群資歷良好、有才華、道德上完美無瑕的人組成獨立的職涯聯盟——不見得要擔負管理責任，但必定要在他們的專業領域裡是有名氣的人。如果可以的話，他們樂於接受喝采、受到重視，也希望有很大的施展空間。

這種特殊分子確實存在，甚至受到最高肯定，因為可以確定的是：如此有才華的人確實需要有空間讓他們發揮所能。然而，決定一個人到底是邊緣人還是特殊分子的關鍵在於社會群體。沒有追隨者、在公司內外都表現得特立於群體之外的人，自然也沒有人支持。

符合時代的職業生涯思路

舊的職涯思維還存在無數非小說類書籍、小說或《紙牌屋》（*House of Cards*）這類電視影集中，以第二代馬基維利式思考呈現出來。如今，我們兩位作者卻要反其道而行，提出一個符合當代而正向積極的職涯發展思路。而且，這個符合時代的職涯思路不是立基於社交恐懼、劃界想像或是競爭欲的衝動，而是根據新的現實打造起來的。我們長年以顧問身分從旁輔佐極為有成就的人，而經驗告訴我們，他們的背後都有正向的價值觀在驅策著他們前進。這些深具影響力的決策者希望引導追隨者有好表現，他們本身也因此受益。最終，這些決策者以他們的善意找到通往成功的道路，設定良好的動機、傳遞正向的歸屬感訊號，並主動將人聚集在一起，形成一個心胸開闊、代表著相似的價值觀，且彼此相互支持的群體——開放而透明。或許某個職位極具挑戰性，獵人頭專員耗時幾個月都尋訪不到合適的人選，他們卻能舉薦出適合這個職位的人才。當有人職場失利時或陷入危機時，他們相互扶持，彼此之間也有聯絡。對成功的期許，是由有業務往來情誼的社群中，以及公司內的「我們」所共同成就的。

這個迷思如何和你內心的抗拒感聯合起來，傷害到你的職涯發展：

「我出身普通家庭。根本不知道怎樣才能有人脈，這些功夫我大可省下來。」

發展職業生涯並不是一站過一站的機械式流程，在你進步到夠頂尖的時候，就可以不用再努力了。相反地，職涯發展更像是處於進行式狀態的工作，是一種持續不斷的過程。在這個過程中，人總是夠優秀，但同時也隨時在學習。建立人脈也是一種額外的努力，因為有抱負的人多半隨時處於工作纏身的狀態。理智上，他們理解自己需要和更多人保持聯繫，只是有許多人無法將這種所知化為實際行動。他們的心態界限往往太狹隘了。這種頑強的行為模式可能是許多因素造成的。

內心的抗拒感各有不同

有些人會覺得，以一張賀卡或謝卡就想與人展開交際是很可笑的事。他們更情願在下次聖誕節前夕一次寄出兩百張聖誕卡片，但其實他們從來沒有確實做到過。另外還有一些人，夢想著在某個夏夜，邀集十到二十位賓客坐到他們精心布置的餐桌前，一起享受真正美味的外燴服務——只是他們一直沒時間安排這件事，然後夏天已經溜走了。或許他們再度偶遇另一個人，並且有機會交談。第二次碰面真的是更進一步認識彼此再理想不過的時機了，但是無助於影響力和口碑的提升。更好的做法是，減少一次要面對的人數，從兩人、三人或四個人這樣的小聚會開始，比如邀約這樣一小群人到高級飯店共享早餐。為何比起只有兩個人的會面，一小群人的聚會對你的職涯發展更有用呢？首先，在這樣的小群體中，你在專業領域的重要性更容易被看見。如此，更有助於你贏得影響力、口碑，並拉近與人的關係，這樣的社交和職場能見度可以遏止內心的抗拒感。

對某些人來說，覺察到自己厲害的地方、過人的才華和能力無異於一種帶著害怕、苦痛和羞恥的震撼——為了抵制這些感受，他們的抗拒感應運而生。因此他們聚焦於應付自己的弱點，並認為自己的能力絲毫無法引起真正有力人士的注意。

即便看清，這「只是」他們不想承認自己才華的內心抗拒感，因此在心理層面也不願做出任何改變。他們會對自己以及其他人感到失望，然後徒勞地期待自己的能力有被人看到的一天，夢想著或許某一天有機會因為別人的榮耀沾光，或是平靜地過上心滿意足而安穩的人生。還有另一些人，雖然知道自己應該做些什麼、有意願去做並且也做得到。只是，他們不清楚究竟該從何著手，以及，應該以哪些能力去做該做的事。

在面對重要的新人際關係時，與家庭的依附關係可能引爆內心強烈的抗拒感

倘若有人發現自己無法與出身自新興社會階層的人建立非正式的交誼關係，原因往往在於對自己的父母和祖先的愛、感恩與尊重上。在兩位作者過去輔導的案例中，我們發現，出身自普通家庭但天賦極佳的人都有許多類似的職涯歷程。並且，我們從中認知到家庭背景的重要性，以及會如何影響個人及其職涯發展。

義大利人辛綺雅在一九八〇年代認識了一位外型俊俏、事業有成的德國經理。辛綺雅為了這位德國經理遷居到德國法蘭克福，還懷孕了。倆人的女兒維多利亞出生後不久，孩子的父親就遺棄辛綺雅母女，並在挪威首都奧斯陸組建了新家庭。此後，辛綺雅母女就再也沒見過他。辛綺雅找到一份筆譯的工作，獨力撫養維多利亞長大。因為女兒的生父支付的贍養費很少又給得不定期，使得母女倆經常要為金錢用度短缺煩惱。即便如此，維多利亞還是順利從高中畢業、進入大學就讀，如今更是在一家大型電商集團，負責管理超過二十個客服中心的主管。為人母的辛綺雅對女兒的工作內容了解有限。不知道從什麼時候開始，維多利亞也不再跟母親提起自己工作上的事，更別說談到自己對公司做出的重大貢獻。母親辛綺雅總是為維多利亞憂心不已，畢竟爬得越高，摔得越慘。辛綺雅自己一路走來不正是如此嗎？因為了解母親的憂慮，維多利亞只能把公司分發的公務車（一輛時髦的BMW）藏起來，每天開著一輛租來的小車回家。相較於二十五萬歐元的年薪，維多利亞會特意為母親準備「適合身分」的「小」禮物，比如到黑森林風景區的週末之旅，或是一台咖啡機。然而，就算這樣，母親也很難接受，總是對女兒維多利亞說：「我需要的東西都有了，你最好還是省下來以備不時之需吧！」

這是出身普通家庭的人進入管理職後，經常會遇到的典型情況。無論是手足、父母、鄰居或是朋友，沒有人知道他們成就非凡、收入豐厚並受到禮遇。

但是，到底為什麼要這樣玩躲貓貓的遊戲呢？難道他們就不能為自己感到驕傲、不能讓大家都知道、不能送父母大額紅包嗎？他們的做法並非吝嗇，而是要展現他們堅守忠誠和站在同一陣線的決心。因為敬守父母過去坎坷、貧困、悲慘，甚至有時是恥辱的人生歷程，他們才不願意炫耀：「你們看！我做到了！」不只兒童、甚至成年人也是，總會不自覺地將自己的父母理想化，認為自己的父母聰明、堅強、比其他人優秀。當他們在社會地位或經濟層面「超越」父母時，他們會覺得自己好像在責怪自己的父母。有時候，這種不自覺的忠心可能越走越偏，導致最後自己的職涯發展受挫。而自己職涯發展受挫時的年紀，往往正好是在當年自己的母親或父親在社會上遭受重挫的年紀。為此，他們的靈魂深處為了展現對父母的愛，使得他們不希望自己周遭有可望能夠幫助他們職場升遷的具影響力、富裕的人。

害怕失去既有的歸屬感

人都不想失去對自己出身的社會階層的歸屬感，甚至絲毫不希望被別人認為自己是這樣的人。他們不想被別人看到自己的形象是高高在上又傲慢，因此如果在五星級飯店過夜，或是被生意夥伴邀請參加歌劇首演，他們就會感覺自己如同做了什麼背叛的事一樣。以維多利亞為例，優雅、富裕的社交圈可能會促使母親辛綺雅聯想起，維多利亞與她遠方的生父是血親關係的事實。所以，她情願和母親一起數落「在上面的那些人」，以堅守這個家一直以來的氛圍。

如果沒有能力擺脫這種家庭背景，過上符合自己的理想人生和發展自己夢想職涯的新生活，許多人的職業生涯會就此過早陷入停滯狀態。而改寫過往家庭的方法，便是讓父母、兄弟姊妹和朋友知道你的成就和對他們的愛、感謝他們、送禮時大方，並將自己今日的成就歸功於他們的支持。

於是，維多利亞給母親寫了一封信：「親愛的媽媽，妳應該想像不到，現在我有多成功。我身為管理幾百名員工的主管，為公司創造一年比一年更高的利潤。我的老闆很看重我，每年除了應得的薪資外，還給我發放額外的獎金。現在我一年的收入有二十五萬歐元，相當於每個月可以領到兩萬多歐元。這都要感謝妳！妳孤身一人來到法蘭克福、努力學德語、辛苦工作，總是把最好的留給我。妳是我最好的榜樣。我從妳身上學到，我可以堅定地追求自己訂下的目標、從不輕言放棄、照顧好別人，也讓別人安心。我最該感謝的人是妳，是妳一直支持著我。如果沒有妳，不會有我今日的成就，甚至可能連高中都沒法畢業，更別說還要上大學了。妳是我的英雄。是妳讓我能夠擁有自己的人生、有自己的朋友圈。如今也在公司晉升到高層的職位，並因此受有許多禮遇。親愛的媽媽，謝謝妳！我想送你一套公寓，讓妳在裡面好好生活。」

所謂自我滿足的幸福

對某些人來說，安全感在他們的生活中佔有很重的分量。對這樣的人來說，自我滿足會比追求抱負更重要。他們了解：如果不拓展自己的社交範圍，職業生涯就完了。然而，要投注時間和精力在建立新的人際關係上，成本太高，而能取得的成果又充滿不確定性。

當人在一定程度上自我滿足時，內心就會出現類似以下的聲音：

- 「作為一名中階職員的兒子，我能做到這樣已經很好了。我這樣過得很好。」

- 「我樂在工作。但是要我想像，和只是偶有業務往來的人相約一起早餐、一起去聽音樂會，或是去現場看足球賽，都讓我覺得不自在。那樣做到底能有什麼好處？那樣的場合，我應該一點也開心不起來吧！我更情願和自己家人待在一起做點什麼。」
- 「我的生活還可以。不能再更好了。這樣我就很開心了。」

雖然內心有一個聲音企圖誘惑你、鼓勵你多做一些，或許不久後，有另一個能力比你差的人得到你想要的職位，而令你感到失望——但「沒關係的！」你可能會經歷一場（有時是為期數年的）內心衝突：應該滿足現況、繼續工作，還是要抱持理想不斷維繫社交關係？工作可以撫慰你，畢竟那是一個安全而熟悉的領域。然而，繼續像以前那樣工作往往會妨礙你的職業生涯。為了下一階段能夠承擔起責任更大的職務、進入管理職，或投身更有施展機會的另一家公司，你需要為你說話、願意引薦你的人。只是，為自己打造新的人際關係極其困難，而且過程往往耗時許久。

社交恐懼作為舒適圈

重要的人脈不會出現在各種會議場合、公司，也不會發生在家庭或朋友圈內的純私人活動中。有助職涯發展的人際關係總是發生在不確定性的場合。此時適用的規則的應該是機率，而非確定性。並非一次的邀約就保證能建立起聯繫，而是當人越頻繁投身社交場合，就會出現越多真誠、有支持力量的接觸機會。美國康乃爾大學（Cornell University）凱特琳・伍利（Kaitlin Woolley）與芝加哥大學（University of Chicago）艾雅蕾・費雪巴赫（Ayelet Fishbach）兩位學者，由超過兩千名受試參與者的實驗中推斷出：「焦躁不安通常意味著人正在進步。」[52]因為：「想要有所成長的人，就該脫離舒適圈。」[53]

然而，社交恐懼仍然會阻擋許多人進行這項投資。他們會對自己說：

- 「教授是怎麼看我的？她總是打扮得如此優雅精緻，我完全跟不上她的時尚品味。」

---

52 Gelitz, Christiane: *"Wer wachsen will, sollte seine Komfortzone verlassen"*, Spektrum.de, 11.04.2022

53 同上。

- 「就算我總是說得一口完美的標準德語，別人應該還是會馬上注意到我是從比較重視傳統文化的鄉下地方來的吧！」
- 「我還真的無法讓任何人進到我的小窩裡！」
- 「我是個單親爸爸，如果有聚會需要『攜伴參加』，那可怎麼辦才好？所以我還是能避則避吧！」
- 「參加這次活動有什麼好處呢？我完全不知道是否會有重要人物出席。我可沒時間參與這種沒意義的事。」

社交恐懼會讓人表現出進一步排斥他人的行為：

- 不參與非正式談話
- 不斷將話題引導到工作上的問題
- 從不跟著大家一起歡笑、永遠不表態認同、從不感謝他人、絕不道歉、從不表現出對他人的讚賞和欽佩
- 對一切都以旁觀者的角色，用嘲諷或說教的口吻加以評論
- 對所有事情不屑一顧，或向他人炫耀

• 總是以說明、評判、分析，取代輕鬆幽默的聯想
• 自顧自地滔滔不絕，而不是提問
• 總是自認知道得比別人多，即便是最無關緊要的內容

對於想要克服社交恐懼的人來說，很適合這樣做：從簡單、門檻低的著手。雖然不見得容易做到，但請開始設定別人的動機一定是良善的，並給與讚美。請在社群媒體上寫下對他人成就的正面看法、為他們的成就道賀，讓他們注意到你這個人。

歸根究柢：對有權貴背景的人來說，與人建立起聯繫並不會比其他人容易。歸屬感從來不是「就這樣」理所當然地擺在那裡，或是你我什麼也不做，就會自動出現。此外，歸屬感既不會因為出身，也不會因為某個職位或會員資格而成立。雖然有時表面上看起來，似乎有人因為出身，或曾在某家被視為「人脈製造機」的公司任職過，因此或多或少自己不用太努力，就能擁有許多重要的人脈。然而，社交圈始終是一個非常需要由個人去打造的過程。即便有人因為父執輩家族早已建立的人際關係中，在許多邀宴、一起度假或敞開家門迎客的家庭聚會等場合，早已成為某位部會首長或大學校長的門生，這些人也要有能力不斷建立關係密切又有意義的聯繫。他們或許在聖

莫里茲、夏威夷或南法的度假小木屋裡，曾經輕鬆愉快地共度過一段不算短的時間。等到他們長大了，他們父母輩的朋友也都屆齡退休，對於分派職位的相關決策幾乎已經不再那麼有影響力。這時候，這些人終究必須自己打造並維繫人際往來與自己的社交圈。

「我不認識什麼獵人頭專員或擔任執行長等級的人物，就算我認識這些人，他們也絕對不會把我推薦給別人或給我工作。因為別人一看到我的姓氏，都會知道我出身自一個非常不同、封閉，甚至令人避之唯恐不及的世界。」一位重量級美國政治人物，其稍有名氣的女兒回憶起畢業後，找第一份律師工作時所遇到的困難。在她好不容易找到工作後，卻還在試用期內就做出離職的決定，因為她與同事都無法克服彼此間的社交隔閡，而其他同事不是不信任地避開她，就是企圖攀關係，希望藉她的知名度得到某些好處。

一位出身貴族、將自己的姓氏改換成平民姓氏的人，曾向我們作者坦言道：「我完全無法邀請任何人到家裡作客。我們並不富有，但您知道嗎？我們就住在一座大城堡裡面。如果有人來家裡作客，以後他們就無法自在地與我相處。」

有魅力又成功的女性高階主管似乎看來令人羨慕。但實際上，她們都不容易，特別是她們還單身。倘若一位有影響力的男士想和她見面、說話，或想邀她作客，這每一次的接觸都會涉及到很多層面。或是，當這些女性高階主管獨自去參加社交活動，而在場人士不論攜伴與否，都以男性為主。她們就必須提前想到許多年長的男性高階主管無須顧忌的事，比如她們可以在什麼樣的場合邀請哪些人，並在何時做些什麼事情。在各種情況下，女性高階主管要在工作上建立起真誠而緊密，且可維繫長久的關係，都需要更多創意、決心和技巧。社會角色與個人角色的發展難以同步。每位成功的單身女性都是時代的先鋒。

與人接觸的風險

在遇到未曾接觸過的人時，就像在進行一場冒險。因為往往不知道與初次接觸的陌生人會發生什麼事，以及對方會有怎樣的反應。而有抱負的人慣於接受風險的挑戰，因為他們必須經常面對新的狀況以證明自己，並且過去也都處理得很好。在休閒時，他們會將最具冒險精神的一群人聚在一起，充滿好奇心並樂在其中。有什麼能阻擋得了這種探索精神呢？那就是害怕無法滿足期待和要求。如果胸懷大志，並渴求在事業上能更上一層樓，這時候卻出現可能會失敗的想法往往就很不妙。畢竟，職涯發展的每一步都很重要而關鍵。

從基層文員晉升為部門主管，對蘇珊娜來說是一項挑戰。雖然她實際上並沒有換公司或部門，但成為主管後的每一次會晤都是新的體驗。因為從現在起，她除了要以新角色，也就是從新的主管角色來看待以往熟悉的人之外，也要以不同方式看待自己。這種改變必須雙方都能接受，而即便接受了也絕不保證能高枕無憂。過去的同事可能會拿蘇珊娜新的行為開玩笑、繼續像對待同事一樣和新的部門主管相處，也可能逼迫蘇珊娜做出對個別部門人員有利，但不利於整個部門或主管人員的決定。這些憂慮是有道理的：畢竟，職位晉升都有風險。那麼，有抱負的人還有其他選擇嗎？

你的職涯策略：從同理心和共同點出發，建立起聯繫和人際關係

勇於與人接觸，同時也意味著以新的方式審視自己：可能會看到自己其實比之前想像的還要戰戰兢兢，或是更有野心、更勇敢、更無畏、更優秀、更膽怯、更孤獨、更有成就、更弱小、更喜歡與人接觸。要做到這一點需要勇氣，以及足以承擔每次與人接觸可能帶來風險的能力。這些機會都可能對你的人生起到決定性作用，即便你在

結識對方的當下並不知道。「其實，我們往往在與別人接觸的過程中，才覺察到新的欲望。」[54]這就是成長型心態存在的目的——為了能從他人身上的不同之處，體察到新事物。如此，商務早餐便不再只是單純的早餐，而是一種可以開展眼界的機會，讓你在別人身上或從他們的人生軌跡中發現迷人之處，並向他們學習。為此你必須走出去，如同法國作家與哲學家沙爾・貝班（Charles Pépin）在其著作《相遇的小哲學》（*Kleine Philosophie der Begegnung*）中精闢地寫道：

> 「走出去，意味著不能避免意外的發生，並願意承擔失敗的風險。在我們行動之前，我們無從得知，我們的行動會對世界發生什麼影響。即便如此，我們仍然必須繼續向前：這全然就是冒險的魅力之處，也是為人生提味的生命之鹽。」[55]

「為人生提味的生命之鹽」——就是你與他人的相遇。只要你沒試過，你就無法

---

54 Pépin, Charles: *Kleine Philosophie der Begegnung*, Carl Hanser Verlag, München, 2022, S. 147

55 Pépin, Charles: *Kleine Philosophie der Begegnung*, Carl Hanser Verlag, München, 2022, S. 139–140

得知每次相遇會為你帶來哪些機會。關於人與他們對自己職涯抱負的核心問題，德國哲學家雅莉亞德納・馮・席拉赫（Ariadne von Schirach）提到過以下幾句話：「我可以成為怎樣的人？」

「我們作為個體和人，在整個神祕莫測的人生中必須不斷為自己找到新的定位。因為我們終究不只是現在這個樣貌——而也可能是另一種面貌。我們是不斷在變化的存在，至死方休。」[56]

一切是如何開始的

步入職場之初，你可能有許多朋友、親友間的往來、鄰居、社團組織等。你的社交生活主要發生在你的私人生活中。工作上，你亦步亦趨地配合主管、客戶或同事。能看到你的能力、獎勵你、提拔你和帶著你更上一層樓的是你的上司，而你的能力也

56 von Schirach, Ariadne: *Lob der Schöpfung. In Verteidigung des irdischen Glücks.* Verlag West-Östliche Weisheit Willigis Jäger, Würzburg, 2019, S. 23

因此有所長進。某天，你得到你人生中第一個可以發揮影響力的職務。這最遲會發生在你工作上需要與更多不同領域的人接觸的時間點，而這些提拔你、支持你、推薦你、任命或找你來承接更具挑戰性職務的人都來自你的職場周遭，不限於你任職的公司。這意味著：公司以外的人必須能肯定你的能力，並在提到你時給出正面評價。要讓這件事發生，就是你自己的責任。因為得到正面肯定已經不在公司為你提供的組織範圍內，而是一種在工作領域，彼此關係緊密而有影響力的個人和群體間的社交互動——要在你主導之下。

隨著時間推移，終於也來到你開始提拔和提攜他人職涯發展的時候了。此時，你不再只是受他人支持的人，也成為可以舉薦別人的人了：而且你可以扶持的對象不僅限於你的團隊成員，還包含你的同事、主管以及所有和你有業務往來的人。

如果你是別人的成功保證，別人也因為你而發光發熱、脫穎而出，你的職涯發展就成功了。你不是在尋求可以提拔你的人，而是你已然成為別人職涯發展成功的保證，因為你可以舉薦他們、宣揚他們的優勢。你將有抱負的人集結在一起，以彼此的專長且語帶賞識地引介他們互相認識。

現在開始，能推動你職涯發展再往前進的是些什麼人呢？

你應該和哪些人建立關係？這些人不是扶輪社或獅子會這類社團組織的會員，不是「漢諾威地區中型企業」（mittelständische Unternehmer im Raum Hannover）名單上的匿名聯絡人，也不會是由他們各自的職銜來定義，如「金屬工業的企業方代表主管」或是「時尚零售業的區經理」。你不會在你個人的通訊錄以外找到這些人，因為這些人是那些曾經見過你、對你有好感，未來還會再見到且有影響力的成功人士：

- 前公司的同事或主管
- 現在事業有成的同學
- 指導過你的教授
- 從事吸引人的工作，或在不錯的公司裡發展順利的鄰居、朋友或你孩子學校同學的父母
- 在火車或飛機上，或是參加國際性會議或活動時偶然認識的人
- 你已經認識，且親切友好又有影響力的顧問、供應商或客戶

等你充分練習後，還會加入一些像是專題演說家、地方政治人物、藝術家這類人物。或許，有專題演說家能風趣地談論股價和企業的真實價值之間的連動關係；某位地方政治人物對交通政策的看法，剛好與你的理念不謀而合；可能是你很欣賞某位藝術家的作品，而且在他的工作室舉行的慶祝會上總是會許多光彩奪目的賓客蒞臨。你可以寫上隻字片語，告訴這些人你對他們的欣賞，以及你欽佩他們的原因。之後，他們所有人都會收到農曆新年的問候賀卡。在之後的某天，你會寫道：「今年四月底，我會到您所在的城市，希望屆時有機會能順道拜訪您。我仰慕您的成就已久。不知您屆時能否撥出半個小時喝茶的時間給我？」

不要落入指導陷阱

一些努力往上爬又需要有人為他說項的主管會想：「我只要找個人來指導，就沒問題啦！」只是，這些指導始終無法達到預期效果，畢竟從一開始就是不對等的關係。更重要的是，這是一種雙重束縛的兩難局面。意思是，有人受到請託做某件事，但是這件事只會發生在同時做到與目標相反的事：指導員擅長提出建議，而且常表現出知道的比別人多的姿態。對這些指導員來說，他們必須維持這種知識落差，他們才會覺得自己很成功。而被指導的人想要有所長進，以開創自己的職涯發展之路。然而，為了達到這個目標，消除這種知識落差，讓雙方在條件對等的情況下進行溝通就很重要。

三十八歲的葛瑞格，總是希望自己在別人眼中看起來很聰明，因此央請業主協會的經理沃夫岡做他的指導老師。六十三歲的沃夫岡過去任職於一家頂尖企管顧問公司，因此有「良好的人脈網絡」。沃夫岡同意了——於是，災難就此展開。

兩人建立了良好關係：沃夫岡是熱血激昂的軍師，而葛瑞格也是有禮有節地接受建議。（雖然實際上，葛瑞格最近越來越常忽略沃夫岡提出的建議，因為葛瑞格自認對管理更有一套。）有一天，葛瑞格受邀參加沃夫岡舉辦的品酒會，現場的氛圍溫馨愉快。葛瑞格滿心期待，希望能在品酒會上接觸到一些重要人脈。沒想到，當晚的品酒會上除了沃夫岡的三個兒子外（而且，這三個兒子不只有人還在讀大學，甚至有還沒到讀大學年紀的在學學生），其餘的人都是正在接受沃夫岡指導的學員。

席間，沃夫岡開始抱怨起他的學員，極其憤慨地表示：葛瑞格行為舉止不當，表現得不夠成熟，他要學的東西還多得很。此外，沃夫岡認為葛瑞格不知感恩，因為他並未採納建議——而且，現在對葛瑞格的鼓勵反而讓他變得驕傲自大起來。壓倒兩人關係的最後一根稻草是，原本葛瑞格想要爭取的職位，正好是沃夫岡幾年前離職的崗位（在進入業主協會前）。「況且，如今他才三十九歲。這點真的需要好好評估一下……總之，我是斷不可能推薦他接手那個位置的。」

這段故事聽起來似乎是個失敗的個案，事實上卻是個典型的案例。指導機制本身就結構不當，因為這本身暗示了，自身能力的不足只能由已經很有成就的指導員來加以彌補。此外，還會持續帶來認知失調：照理上，接受指導的學員應該、也想要更有成就，才來接受指導。但是他們又不能太成功，以免超越了指導員的成就。只要情況讓指導員感到威脅，即便年輕又活力充沛的學員剛成長到與指導員水準相當的程度時，指導員就會在不知不覺中想方設法遏止這樣的情況持續下去。因為，指導員都想維持他們深受喜愛的導師角色。如果維持不了，指導員對待學員的態度就會急轉直下。

許多企業會提供員工指導員輔導方案，由企業內部人員，或進行所謂的交叉指導（Cross-Mentoring），也就是由其他公司人員來擔任指導員。以上兩種做法，無論哪一種，本書的兩位作者都不建議。最好還是由你自己去尋求聯繫，並找到與他人的共同點，以平等的姿態與你周遭的人或你社交圈的人對話。

其實你認識的有力人士比你以為的還多

許多人堅稱：「我不認識什麼有力人士。」就在他們進一步舉證說明時，卻突然想到：「哎呀！想起來了！我應該認識一位能源公司的主管，那是我小學二年級的同學芙蘿莉的爸爸……還有，我有個大學同學現在就在美國矽谷工作，之前我還收到她寫來的聖誕賀卡……以前指導過我的教授，現在也轉進產業界了……對了！我和那家公司的資訊總監一直保持良好的默契。」你認識些什麼人？你會驚訝地發現，自己竟然能想起這麼多有趣的人，又有多少人曾經讓你覺得親切友善，而想與他們保持聯絡。在你的職業生涯中，你會遇到形形色色的人，無論是一起喝咖啡或是共進晚餐、出席大型會議、在小會議上、談判場合，或是在宴會或招待會場合上，而且未來你也會繼續做這些事、繼續遇到不同的人。

社交圈的建立正是從這些人開始，無論是來自你專業領域的各家公司、媒體、學術界、教育界、顧問諮商，或是來自其他業界。請繼續保持聯絡、把握你與他們近身接觸的機會，並在見過面後寄上一張問候卡或寫個電子郵件問候：「上次的對話給我帶來很多啟發。」你也可以在大型會議行前捎上問候：「知道您也將出席這次會議，我很期待在那裡見到您。」或者，無須特別理由，隨手撥通電話問候：「嗨！我正想到你，所以打個電話問候一下。你現在正在做什麼呢？」只要你刻意這樣執行下去，你的聯絡人名單會隨著時間的累積變得越來越長。

社交圈就是成功人士的安身之所。從「我屬於這裡」或「我想要歸屬於此」的感受開始。接著，你會向未知之境釋出歸屬感的訊號。而你釋出的訊號最終也會作用到你自己身上，總有一天讓你感受到如同在自己家裡那樣輕鬆自在。意識到這個可能空間，只是踏進探索之旅的一小步。你自己試一下，以下情境會給你怎樣的感受：

- 參加過一個研討會幾個月後，向讓你印象深刻的研討會主辦人表達謝意，而且表達這期間你能順利運用在研討會上學到的知識？
- 寫賀卡祝賀董事長剛爭取到新的投資者？
- 寫一張卡片感謝供應商給了你寶貴的建議？
- 給另一家公司的聯絡人送一份小禮物，感謝他引介你認識可以協助你評估專案的專家？

上面幾種情境都是歸屬感訊號，而且都源自於你自己：「機緣巧合始終只是一個起點，無法決定我們的命運。反之，不如說是我們為這些機緣巧合創造了更多機會。」[57]

因此，歸屬感藉由這些聯繫和職涯發展機會而產生，你可以為這些美好的幸福時刻，創造一些能讓你與自己以及你社交圈的世界和諧共存的條件。你職位所處的位階越高，你就越能自在地施展這項社交技能。看看以下情境那些適用於你，採行後還能加以變化：

- **新的女性主管到你任職的公司就任**：發送你歡迎她就任的簡訊。送一束花（如果還沒有人這樣做時）到她居家辦公的地址，或是放到她的辦公桌上。如果可能的話，請親自到她的辦公室致意。讓新主管知道，你不僅很期待與她共事，而且已經聽到許多關於她的正面事蹟。幾個星期後，詢問她這期間在公司的情況，並表達為了讓她在新環境能更自在，你願意為她效勞的善意。
- **前主管跳槽到另一家公司**：除了恭喜他即將赴任新職，你還可以用書面形式

57 Pépin, Charles: *Kleine Philosophie der Begegnung*, Carl Hanser Verlag, München, 2022, S. 10

寫下他曾經為你做的一切，並對他離開現任公司表達無法繼續共事的遺憾，但是不可以請對方帶著你跳槽到他的新公司。在他到任新職後，你們還是可以保持聯絡。偶爾前去拜訪他，或是相約某地會面，簡短茶敘或喝杯咖啡都好。

- **你已經報名參加某個研討會**：如果是你的主管或是人資開發部人員為你報名，或核准你的報名申請，或是公司支付研討會相關費用，請記得以書面形式致謝。不要認為：「這本來就是他們的工作。」、「反正花的又不是他們自己的錢。」大方地表達謝意。此外，研討會不應只是以拓展知識為目的，你更該把握這個機會，親自結識其他參與者。研討會結束後，也要和與會人士保持聯絡。你要感恩，因為大家都被各自的公司雇用任事，才有機會得到這些可以說是「免費送上門」的人脈。
- **你受邀與不認識的外國客戶共進早餐**：對此你要特別感謝東道主的邀請。倘若你無法應邀，務必親自婉謝並提出充分的理由。在早餐會前或會後都可以，記得奉上一束花或其他禮物送到東道主家中，以表謝意。同樣地，在你能應邀出席早餐會的情況下，你也可以帶上禮物在現場當面致意。早餐會期間，盡可能接觸到席上所有賓客，表現出你對他們的興趣，並提出問題。在遞出你自己的名片前，先請對方惠賜名片。為現場帶來正向氛圍，隨時表達對東道主的欽慕之意，談到所有的人或事都做正面表態。餐會後，給受邀與會者都寄上謝卡，並保持聯絡。

你的職涯發展需要善意

如果有人將你推薦給其他人，都是出於真誠的人情自願做出的決定。倘若要別人願意拿起話筒，將你推薦給其他公司的實際運營者，讓你擔任對方公司新的部門主管、升職或給你新訂單，應該有哪些情況發生？推薦人必須能對以下問題都給出肯定的答案：

- 我覺得這個人親切友善嗎？
- 反之，我讓這個人感受到親切和善嗎？
- 他會以善意待我嗎？
- 這是個會感恩的人嗎？會承認和感謝我為他做的一切嗎？
- 他是否曾經讓我看到，他真心欣賞、感謝每個人的態度？

- 他能夠與我把他推薦出去的對方建立良好的關係嗎？
- 在談到他自己和我時，他是否能不丟我的臉，都做出正面評價呢？
- 如果遭到拒絕或批評、受到誤解或對方堅持不回應，他是否能不採取行動、不做無謂的後續追蹤，只是單純保持好心情、感恩和尊重的態度？
- 如果這次或後續推薦都沒有任何具體結果，他是否還會感謝我？

善意的出現，始於找到、確認或建立共同點。要做到這一點，可以在對話中使用「正是如此！」、「對！我也知道這件事！」或是「喔！真是太有趣了！」等應和句。同樣的做法也適用於閒聊、一起歡笑或輕鬆愉快的場合，比如公司茶水間、聖誕聚會、部門會議或大型會議。至於，互相不喜歡對方的人就不會繼續保持對話，並且會在非正式場合盡量與對方保持距離。如果是彼此覺得對方親切友善的人，就會關係更緊密，神經系統也會釋出依附和獎勵荷爾蒙。如果後續保持聯絡、繼續碰面、互相鼓勵、讚美對方，或是互相感謝、邀請，並越來越頻繁地共度美好時光，就能讓這種加成作用繼續保持下去。歸屬感也就這樣產生了，而最大的改變也在你的內心悄然展開。

倘若你的出身背景並未給你帶來機會，讓你感受自己高人一等，或是面對別人時，理所當然地以平等的姿態表達自己的立場，要坦然承認這樣的現實，確實不容易。於是，你壓抑你的能力和身分，以藏起你的獨特與優秀之處。結果導致你被人看輕，反而讓你持續感到緊張、不安，有時甚至感到孤獨無依。與有影響力、有成就的人接觸，便是克服這種停滯的最佳方法。唯有在你不斷擴張的重要人物社交圈中，才能反映出你的真實樣貌。這樣一來，一定要成功的意識和自我效能信念才得以施展開來。

你已經掌握到其中的訣竅，但這是一種徹底的改變：不再虛假的謙遜、不自我設限、不灰心喪志、不過度自信、不做出令人厭惡的回應、不氣憤，也不對人發怒。唯有善意。如此一來，別人就很樂意為你效力。如果有新的專案、任務或職位，也會歡迎你的加入。在許多人的人生中，這是一種新體驗，特別是對所有到目前為止，認為一切都必須、也能夠自己做到的人來說，是一種深刻的體驗。

情緒會主動對改變的衝擊做出反應。你的潛意識不願放下此前讓你成功的行為模式，即便你目前的生活情況需要你這麼做。這種「繼續維持這樣」得到強化。所以，許多人在第一階段都會做出抗拒的反應：「不！為什麼我要放棄安全保障？」萬一有

阿席希與埃希特的改變過程圖
放棄或開始釋出善意？

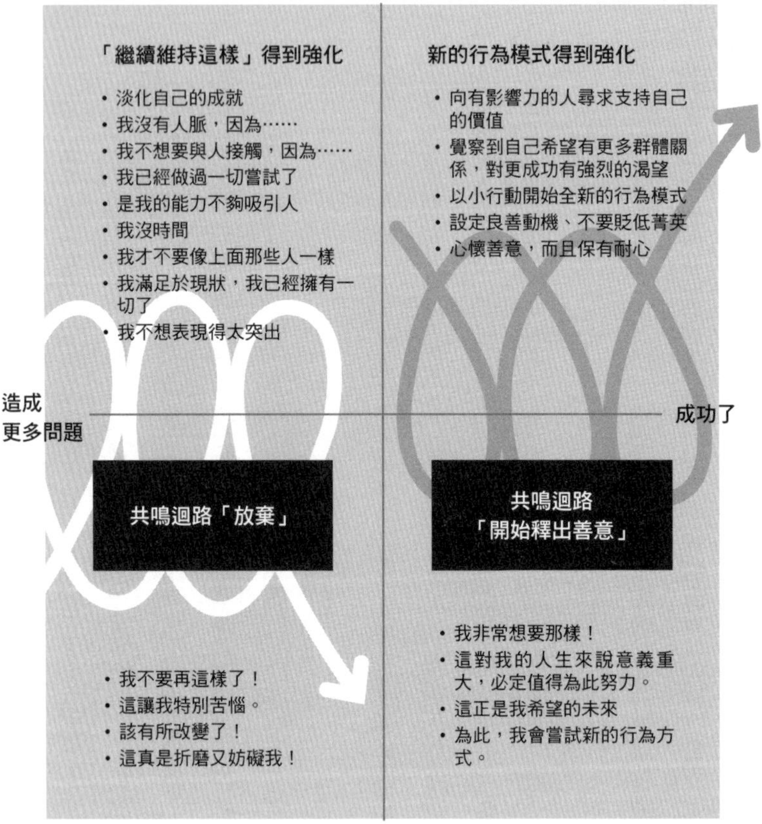
「繼續維持這樣」得到強化
• 淡化自己的成就
• 我沒有人脈，因為……
• 我不想要與人接觸，因為……
• 我已經做過一切嘗試了
• 是我的能力不夠吸引人
• 我沒時間
• 我才不要像上面那些人一樣
• 我滿足於現狀，我已經擁有一切了
• 我不想表現得太突出
新的行為模式得到強化
• 向有影響力的人尋求支持自己的價值
• 覺察到自己希望有更多群體關係，對更成功有強烈的渴望
• 以小行動開始全新的行為模式
• 設定良善動機、不要貶低菁英
• 心懷善意，而且保有耐心
造成更多問題
成功了
共鳴迴路「放棄」
共鳴迴路「開始釋出善意」
• 我不要再這樣了！
• 這讓我特別苦惱。
• 該有所改變了！
• 這真是折磨又妨礙我！
• 我非常想要那樣！
• 這對我的人生來說意義重大，必定值得為此努力。
• 這正是我希望的未來
• 為此，我會嘗試新的行為方式。

個期待無法實現，就會出現第二階段，也就是分析階段：「到底為什麼沒有成功呢？」然後在第三階段才會想著：「我想成功。讓我來試試看！」

允許改變人生的相遇發生

每個人都知道改變人生的際遇，也都有讓新認識的人融入自己生活，或讓自己因為新認識的人受到啟發的能力。如果沒有保留條件、預設立場和職涯迷思，當然更容易找到合適的聯絡人。人與人相戀、結交朋友、共同執行一項專案，以及和外國同事的合作……這些都是非常好的經驗，其令人興奮的程度，足以讓人很快忘卻所有顧慮。或是，參加某個研討會，在聽到其中一位與會人士動人地提到他對自己抱負的規畫時，讓其他參與者意識到：「我也和他一樣有抱負。我希望自己可以這樣看待自己和談到自己，所以我要加入他所屬的研習小組。」

其實，改變人生的相遇發生的機率比你所想的還要頻繁。只是這些相遇沒有被意識到而已，即便他們已經對自我的概念和習慣，以及隨之發生變化的職涯走向和人生規畫產生了重大影響。

「沒有與他人相遇，我們無從得知我們真正的動力何在、有能力做哪些事，也不可能衝破自身身分認同的牢籠、掙脫社會和心靈上的枷鎖。同樣也無法發現，原來我們的秉性中，偶有消極退縮、讓道他人的道德脈絡。」[58]

法國哲學家貝班認為與人相遇不僅很有意義，也能看到與人相遇如何改變和啟發人生與取得成就。

我們兩位作者主持了以高階管理層建立社交圈為題的研討會，並看到有些人在職涯發展路上無法繼續往上晉升，只因他們缺乏其他有力人士激勵他們的靈感和創意。不過，我們也遇過，有人的人生和職業生涯只因為幾次相遇就出現了正面積極的轉變。一瞬間，一切都變得有無限可能。有時候，只是一次簡短的對話就足以讓人留下深刻印象，讓人改換成全新的態度。

馬塞勒遇到一位較為年長的投資者。這位投資者對人的信任與他自信十足的風度，讓馬塞勒印象深刻。「還能有什麼不得了的大事發生？」當這位投資者再次注資

58 Pépin, Charles: *Kleine Philosophie der Begegnung*, Carl Hanser Verlag, München, 2022, S. 10。

到一個創新的商業模式時，他只問了馬塞勒這句話。他進一步提到，他的家庭關係融洽，而且，他的妻子也知道，明年他們一家人可能要從現在的別墅搬到一座小公寓去住。一切都沒問題。

這一次相遇後，深深影響了馬塞勒一段頗長的時間，並採納了一些做法：減少炫耀式消費、少一點恐懼、多一些信任、做什麼事都要把家人考量進去。最近，他常掛嘴邊的一句話就是：「還能有什麼不得了的大事發生？」雖然不易察覺，但從此改變了馬塞勒的人生。

有時，帶來徹底改變的竟是原本工作內容之外的不期而遇。

瑪麗雅一直沒機會到北歐旅遊——但現在，瑪麗雅接到業務往來時結識的女性朋友邀請瑪麗雅到她在瑞典海邊的家中度假。而且，這已經是第二次邀請了。這次瑪麗雅實在難以拒絕。反正只是一個長一點的連休週末……驅車前往的路途既漫長又麻煩。行李箱中滿滿都是保暖衣物。相較之下，她丈夫這段期間會帶著孩子到義大利北部的加達爾湖畔度假……真是羨慕極了！

然而，這趟旅行讓瑪麗雅印象深刻的不僅是在那裡遇到的風趣、實則舉足輕重的一群人，還有另一種與人相處的全新方式。無論男性、女性、結伴而行或是孩童，雖然有點混亂但很放鬆的氛圍。有時有人做飯，有時在清爽的洗浴後外出到鄰近海邊戲水，還有在壁爐邊共度的溫馨時刻、釣魚和搭船進行的小旅行。這期間也順便談下了幾筆訂單、結識新朋友或提出建議。除了喝得很醉不是瑪麗雅熱衷的事情之外，其他一切都很好。她滿心歡喜地撥了電話到義大利去。起初，她丈夫還很訝異。不過最近，這對夫婦卻興起了一個念頭，想著，或許來年就在加達爾湖畔租個房子，再邀請其他人來度假。

可以邀請一批人共享度假小屋、邀請另一批人在露台上烤肉，或是帶著孩子到公園野餐或去打保齡球。社交活動的主要目的，就是與其他人一起參與你自己也喜歡做的事。

要直接且有意識地意會到改變人生的相遇並不容易，因為潛意識受到刺激後所造成的影響往往會被低估。當下可能只是一個詞、一句話、一個行動，往往要在一段時間後，在合適的情況下，當人們回想起來時才恍然大悟，原來在那次相遇之後，給服務人員的小費變大方了，自己也因此都能得到良好的服務而心情愉快。或是在研討會中的某次經驗後，你更常不著痕跡而親切地讚美他人。對此，你的主管也回應以好心情。如果你持續加強這方面的感知，你會更常感受到諸如此類珍貴的回應並為此心存感激。

什麼是適合你的社交活動？

要建立職場上的聯繫，隨時隨地都可以。對於職場上的關係，你無須委屈自己或加以否定，強迫自己與不喜歡的人打交道，或是參加不喜歡的休閒活動。你不需要任何理由，沒必要做任何令人發狂的準備工作、無須添置新家具、不需要別人家更安靜又乖巧的小孩，而且你也不必重新裝修你的公寓或住家。你周遭的一切都很好、一切都沒問題。一切都正如原來面貌，美好而偉大。

於是，你開始降低門檻：你與其他人一起吃、喝、交談、學習、慶祝，你也盡情享受運動、藝術和文化活動：

- 你特別喜歡烤肉？邀請工作上的朋友一起來烤肉吧！
- 你想和家人一起去參觀一場精彩的展覽嗎？廣邀別人一起加入你們家的活動，就會有許多人從各地前來。於是，你可以輕鬆地接觸到覺得自己與你有連結的人。
- 你喜歡參加節慶活動？太棒了！其他人也是，一起參與更有趣。

- 你找到新工作了嗎？恭喜你！現在就是最好的時機，邀請那些一路走來曾經鼓勵你和支持你的人，來參加你的夏日感恩派對。
- 你熱愛冰淇淋，或是在諸如咖啡、茶或生啤酒等領域有特別的見識？何妨以此為由相聚？比如相約到市區最好的冰淇淋店享用冰淇淋，或是來一場別開生面的義式奶泡咖啡小聚？
- 你有一座花園？可以邀請大家在你的花園裡面共享早午餐時刻。
- 你喜歡打高爾夫球？或是喜歡在公園裡踢足球？有幾個你職場上的朋友肯定也喜歡這些活動，而且他們也會很高興能與你同樂。
- 你想預定幾張音樂會的票，比如在漢堡的易北愛樂廳（Elbphilharmonie）的某場音樂會入場券？那就多買幾張吧！因為許多人也會樂意與你同行。
- 過去幾年，你都和一群鄰居和好朋友一起辦夏日聚會嗎？現在和你有業務往來的朋友們也準備好和你們一起歡慶美好的夏日時光了。
- 你喜歡帆船運動？肯定有許多人也很期待和你一同航行。
- 你正好在倫敦，而且知道那裡有一家最近很知名的新餐廳？那就寫下來告訴大家，有哪幾天你會去那裡，你想邀大家同往。

• 同樣的做法也可以套用在巴黎、華沙、柏林、紐約、奧斯陸或德勒斯登……

然後——如果就是這樣的你、在這個地點，而且在一起的人也對了……

現在對於行為已經沒有所謂「正確」或「錯誤」的認知判斷了。什麼都是對的了。這種共鳴迴路會突然、出乎意料，而且看似自然而然地出現。或許是，一位正在度假的業務夥伴剛好來找你，當你們兩人一同在雨中沿著沙灘漫步時；或是兩人安坐花園中，聊到富有哲理的話題時；或是你們一起給共同認識的一位教授寫問候卡片時；或是當你和社交圈的朋友坐在慕尼黑「藝術之家」（Haus der Kunst）美術館中的夏日限定露天咖啡館時；或是一起到會議中心聽一場講座後……你突然能以新的角度看這個世界，然後一起進行討論。

第九個迷思：

完成任務，職場就能一帆風順

這個迷思要說的是：

「面對不公平的對待，我必須保護自己。即使遇到阻礙，我也要貫徹我的目標。這樣我才能成為一個強大的人，然後進入管理層。」

覺得自己低人一等、總是自覺受到不公平對待的人，最容易受到這個職涯迷思的打擊。這些人總是認為必須為自己（或許還有他們的團隊或家人）爭取「正義」，但他們往往將羞辱感和正義感混為一談。後者是基於他們主觀自尊問題的理性附加感受，可以合理化他們的實踐行動，為了想要展示權力和主導優勢，不願卑躬屈膝、不想要不確定性。他們不想被擊倒，想為自己的權益發聲，尤其是在他們被認為是較弱勢的一方。

傑夫是個能力很好的財務經理。他剛接管一個新建工程專案的任務，為了首次出席工程決策團隊的討論會，他已經準備了幾個星期的時間。在簡報準備好之後，他很清楚這份簡報做得很好，應該會引發正面迴響。只是，傑夫不確定，他的主管雅莉珊卓會做出怎樣的反應。因為過去的經驗，雅莉珊卓並未全盤採納傑夫提出的意見，而且這次也是帶著遲疑的態度才將新工程的建案交給傑夫主持。在這次重要的決策討論會前一天，傑夫還飛到米蘭的建築師事務所。就在當天晚上，他正啟程要飛回去前，雅莉珊卓的祕書才通知他，已經幫他把當晚的航班改訂到隔天晚上的班機──據該祕書表示，因為這樣機票價格便宜很多。雅莉珊卓還讓祕書傳話，表示：「可惜你因此無法進行簡報。不過問題不大，雅莉珊卓會代你進行這次報告。所以是否請立刻把你準備好的簡報，還有你這次米蘭行程的報告，以電子郵件形式發送給雅莉珊卓，並在明天早上做好隨時可以接受電話備詢的準備？謝謝。」

傑夫感到非常失望，並且內心燃起熊熊怒火。他內心感受到的衝擊是：「我該怎麼反制雅莉珊卓的做法呢？」最終傑夫想到一個對他來說既可行又合理的做法：他沒有將最新的簡報資料和這次米蘭行程的報告發給他的主管雅莉珊卓。他還打算以網路連線問題為由，以解釋他無法寄出資料的原因；或是，他也可以在簡報內容中故意誤植幾個錯誤資訊；或是乾脆捨棄搭飛機，馬上租一輛車連夜開車回公司，趕赴這個重要的討論會，把雅莉珊卓祕書的通知當作沒發生過，按原定計畫進行簡報；或者他也可以直接找上這個工程決策團隊的主要負責人，並向他報告說明雅莉珊卓的「奸巧計謀」；傑夫也可以即刻提出辭呈，並說出辭職的原因。一時之間，許多想法掠過傑夫的腦海中。傑夫和一個有業務往來的朋友通了電話。電話中，這位朋友建議他，不要輕易放棄任何可以完成任務的想法。待傑夫冷靜下來後，依雅莉珊卓的指示行事。等到傑夫再度回到公司後，傑夫來找雅莉珊卓談話，才得知原來雅莉珊卓被舉薦到另一個層級更高階的新職務。至於，由雅莉珊卓進行簡報的目的，是向工程決策團隊中的一名重要成員介紹這次簡報。接下來，會由傑夫接任雅莉珊卓原來的職位。

如同前述傑夫的例子，執行策略沒有顧及相關利益，以及就整體而言往往不為人所知的背景關聯性，反而堅持「為反對而反對」的想法。把發生的狀況一個又一個聯想在一起：「然後她說……然後我說……再然後她又說……」光是這樣想，就已經造成誤解。因為這與狀況本身無關，而是關乎人如何在影響力結構之中活動，以提升自己的影響力。

在探討完成任務時，就不免會牽扯到所有會使職涯發展順利或造成阻礙的因素：

- 你能看到更遠大的願景嗎？無論是你任職的公司大展鴻圖，或是你的職涯發展將會有所成就——或者你陷入眼前感到羞辱或不公平的境遇之中而難以自拔？
- 立場不同，僵持不下或是互助合作，哪一種情況讓你更有安全感？
- 你希望得到他人的支持？還是想打敗他們、凌駕於他們之上？
- 你的行動是出於無力感，還是因為你的影響力？

探討堅持致勝的書籍或討論完成任務相關議題的研討課程，都不會提到這些。談到完成任務時，更多時候會隱諱地將之視為單一事件，與其他人、其他動力或利益沒有關係。但是，完成任務並不會讓你更有影響力，也不會助你形成社交圈——只會造成距離感、招來麻煩和怨意。因此，識別出可以左右職涯發展的影響力動力，遠比完成任務和說話技巧的訓練來得重要。所以不要因為無力感做出行動，而是以你有自信的影響力採取行動。

當人感受到自己的強大時，面對他人的期待，也會持續不斷地調整自己追求的目標。然而，當他們沒有意識到自己的影響力，也不知道如何提升自己的影響力時，就會傾向採取所謂的捷徑：那就是自定義何為「正義」與「真相」，並以此為行事的基準。在這種思維模式下，可以一勞永逸地實現正義。一開始，他們也確實常常可以實現自己的目標，但長期下來卻會危害到職涯發展。當局勢越演越烈，有人露出馬腳，或是落於人後成為失敗者。接著，他們會尋求盟友，或找機會向所有人報復——比如散布謠言、發表負評或施展陰謀陷害等。

對於貶損或攻擊行為的情緒反應，會在心理層面不由自主地發生：受到羞辱之後，會出現麻木、退縮、傷心、嫉妒等情緒，或尋求比自己更強者的肯定。然而，更常出現的往往是氣憤、惱怒等感受，或因為迫切想要以攻擊別人的手段取勝或至少同樣羞辱到別人。因此，個人自尊心出現傷痕就要馬上加以安撫。

這時人會想著：「我絕不可能默默承受這一切」、「如果我現在不自保，這樣的情況以後就會一直持續下去」、「一定要有人來阻止這些人的做法」等。這時就需要自律，才能從反省中平靜下來，也才不會受到職涯迷思的影響。成年人的心理通常不願承認自己受辱，他們需要為自己的報復欲找到可以接受而合理的理由。只是施加報復的做法並不被社會所接受，社會接受的是經常被提到的正義感。倘若所謂的攻擊者的行為被認為不符正義，那麼他所受的侮辱就不能成為需要完成任務的理由。

當然，真正有正義感的人確實存在。從他們的行為可以看到，諸如他們會為他人挺身而出、捐贈鉅款，也為那些比他們不幸的人做好事等。

已經發生變化的管理者角色

職場上，真的只能各自捍衛自己的立場、相互對峙嗎？或者，職場也可以是一個除了履行工作義務外，還能施展抱負的場所呢？

還不是太久前，公司裡的上、下級定義壁壘分明。在過去，做為主管的人可以收攬多數業績是普遍的共識。當時的從屬關係明確而且理所當然，所謂的「下屬」也都接受這種做法。到了今日，情況已經有所不同。

然而，主管怎麼做才是「正確」或「錯誤」的呢？到底誰才是「老闆」呢？在許多公司裡，層級關係變得模糊，更著重在想法、迅速決策和執行面。一位主管管理許多人，這些人在專業領域上比主管自己還優秀、在整個公司不僅人際暢通，也具有影響力。就權力發展而言，有些意見領袖在這方面遠遠凌駕於新上任的管理者。多重報告鏈（Multiple Reporting Lines）是很常見的結構，也就是說，一個人有多位主管、多個贊助單位、多位教練和一個能代表他們權益發言的職工委員會。每天都必須保持權力的平衡，而且發生的各種情況往往都沒有明確的規範。於是，這就成了產生誤會、無心或刻意把持過多決策權，以及導致濫用權力的溫床。造成情緒傷害的可能性也相應提升。

對某些人來說，靈活工作模式和不斷改變的複雜性讓他們覺得不夠明確又不透明。不僅權力中心和權力真空的狀態不斷出現變化，也確實需要改變。現今在公司發揮影響力的機會之多是前所未有的。只要能用對能力，就能拓展自身的影響力。只是，並不包含可以因此完成任務。

能夠堅持到底的人，是強大的。這是過去長久以來的思考模式，是「適者生存」思維下對職場環境的理解。荷蘭史學家羅格．布雷格曼（Rutger Bregman）在他全球熱銷的著作《人慈》（*Im Grunde gut*）做了很好的闡述指出，世界持續多元化的同時，人類作為共同體的一員，體認到其他更弱勢族群的價值，而這樣的共同體意識乘載著所有人。[59]人們仰賴周遭的人來控管自己的情緒、達到合作的目的，以及發揮憐憫和行善的能力。如若不然，共存幾乎是不可能的事。即便在各社會領域有例外出現，公

59 Bregman, Rutger: Im Grunde gut: Eine neue Geschichte der Menschheit, 5. Auflage, Rowohlt Taschenbuch, Hamburg, 2021。中文版：羅格．布雷格曼（2021）。人慈。台北：時報出版。

司和組織機構都是建立在合作和善意的基礎上。

如同所有社會體制，公司內部的氛圍會不斷受到調節以達平衡。有時可能較為興奮激情，接著經歷排拒、疏離、對未來充滿信心、空前的成就和停滯等不同階段——然後所有人又希望一切都有不同的做法。人們游移在這些體制中，揣著各自不同的欲望、希望和夢想。他們不想捨棄或起而反叛自己的公司。反之，他們希望在一個能賦予他們生命意義的地方工作。雖然有時耗時費力，他們仍不斷尋求達到這個目的的方法。完成任務的策略理應是達到這個目的的捷徑，然而實際上，以完成任務為目的的策略卻阻斷了人們看待局勢的觀點。

「如果……就……」測試

關鍵的問題在於：「如果我堅持而做到了，那些直接或間接受到影響的人會作何感受、會有什麼想法，又會如何溝通和做出怎樣的決定呢？」

卡洛琳在一家大型線上零售商負責處理退貨的工作。為了照顧生病的母親，她向主管雅娜請三天假，也事先找好了職務代理人，結果被雅娜簡短地回絕了。主管雅娜是個幹練、有抱負的青年女性，崇尚絕對服從的管理風格。在不考量資源和各項工作所需耗用時間的情況下，她幾乎將所有任務交付給她部門裡的人，包含她自己的工作。她自己則喜歡在下午四點一到準時去運動健身。有任何過錯、延遲或失誤，雅娜就會放大音量，在所有人面前責怪那位員工。她不讓其他員工有接觸更上級的機會，只有她自己能與更上級聯繫，並且隨時代表整個團隊發表成果和想法。

在一次探討實現任務目標的研討會上，卡洛琳學到如何表現才更有機會完成任務。她想改善自己，當然同時也想改善其他同事的情況。因此她找上她的主管雅娜，希望兩人能聊聊。她大聲而緩慢地說話，過程中不讓雅娜插話打斷，並且提出幾點批評。但是雅娜對卡洛琳發言的內容沒有表現出特別的興致，再說，雅娜接下來還要趕赴另一個約。卡洛琳的嘗試很快就被主管雅娜扼殺在萌芽階段。後來在職工委員會和同事的協助下，卡洛琳提出一份希望改變的清單，並與雅娜的上級姚阿興約定面談。卡洛琳向姚阿興詳實地報告了現場的情況，並請求姚阿興與雅娜、所有同仁，以及一位立場中立的協調人對談，以找出問題並加以解決。姚阿興答應了。那場談話進行了三個小時，期間雅娜展現出她的最大誠意表示願意妥協。眾人討論出往後所有人（除了雅娜以外）都要遵守的解決方案並加以記錄。卡洛琳再次請求姚阿興的協助，這次姚阿興只是一再安撫她，表示：「會有解決辦法的。」幾個月後，雅娜被調到其他部門，而且還升職了。卡洛琳覺得真是太好了，和丈夫開了香檳慶祝。

如果卡洛琳事先做了「如果……就……」測試，她可能會做出不同的反應。她應該會對自己提出這些問題：

- 過程中，姚阿興作何感受？
- 姚阿興會如何看待我這個人？
- 姚阿興和別人談到我時，會怎麼說我這個人？
- 對於我在公司的發展，他會做出怎樣的決策？
- 其他參與者會發生什麼事？

在卡洛琳思考過後，她可能得到以下幾種結論：

- 姚阿興覺得困擾，希望自己以後不會和卡洛琳扯上任何關係。對他來說，這些矛盾衝突都太麻煩了。對於那些來向他抱怨其他人、對自己的主管不忠誠的人，姚阿興以後會離得遠遠的——而這一切，都只是因為讓他「在度假期間還要為此幾個小時來回奔波」。姚阿興覺得卡洛琳很難纏，甚至視她為麻煩製造者。相反地，姚阿興非常欣賞雅娜，因為雅娜總是能輕鬆接受他的要求和行事風格，而且不會因為個人情緒給他帶來困擾。反正，只要雅娜的部門持續運轉，姚阿興就可以專注在自己的其他工作事項上。姚阿興本來就沒什麼時間，但是後來情勢的發展，卻讓他要浪費很多時間在處理這些事情上面——他要找新人來接替職務空缺，還要等新人的工作可以上手……這些大大小小的事用的都是姚阿興寶貴的時間。

- 卡洛琳最好不要再找姚阿興提出任何看法。她無法期待能從姚阿興那裡得到支持——甚至，她最好從公司離職。
- 雅娜學到教訓，並因此對自己的管理風格做了些許調整。她還是繼續和姚阿興以及接任她職務的人一起喝咖啡，看起來對所有安排都很滿意。
- 卡洛琳的同事必須重新適應新主管。其實雅娜的嚴厲作派並沒有對他們造成太多困擾。現在他們也開始避免與卡洛琳有接觸。畢竟他們一點也不想再經歷這樣一齣大戲。事後他們也發現，衝突的原因就只是一件小事，到現在也幾乎都得到妥善的處置。與其再繼續鬧事，他們現在更想好好適應新主管的一些個人管理風格，把注意力重新放在自己的職涯發展上。
- 在交接工作時，接任雅娜職務的新主管已經耳聞「那個卡洛琳」的事蹟。他得到的建議是要他小心這個人。

學到教訓

你可能自問：「在公司，我必須讓所有人都喜歡我嗎？是否不這樣做，就無法順利升遷？如果我真的受到委屈想要申訴，是否最好把這些氣力省下來，乾脆辭職算了？」基本上，只有決策者對你懷有善意，你在公司內部才有可能發展順利。職業生涯並非是完成任務就能順利發展的事。主管的行事作風也不是經由反抗或堅持做什麼就能加以改變的。如果非得說有什麼可能作法的話，那就是去影響別人的行為。

卡洛琳明顯感覺受到強烈的侮辱，她為此氣憤不已。但是她的同事並沒有和她有相同的感受，或說感受到的程度不同。他們起初對卡洛琳表示支持的態度，最終誤導了卡洛琳。但即使全部的同事都和卡洛琳一樣憤慨，並自始至終支持卡洛琳的行動，也不會出現不一樣的結果。因為忠誠度在每家公司都是非常被看重的資產。在這個例子中，每個人都盡力在表現出自己的忠心：卡洛琳的同事並沒有在她背後捅刀、幾位主管也都和卡洛琳談過、職工委員會也介入調解。公開批評上級主管會被視為有違忠誠的表現。因此最終的結果讓卡洛琳不滿，甚至對她造成傷害。

許多人可以和別人看來或是實際上真的很難相處的主管配合得很好。這樣的人即使看到主管的行為有爭議，也不會因此感到煩擾。卡洛琳無法忍受的事，對她的同事來說是可以容忍的情況。從我們舉的這個例子可以看到，表面上看來像是「我們所有人都反對上面那些人的做法」，但實際情況遠比表面上看得到的更複雜多元。實際情況甚至有些是受到差異極大的利益考量所左右，無論是雅娜、卡洛琳、姚阿興或其他同事各自的利益考量。那麼，卡洛琳可以有其他做法嗎？

- 卡洛琳可以反思，自己是否真的受不了雅娜的行事作風。如果是的話，可以考慮調職到另一個部門或是轉職到其他公司。
- 站在同事的立場思考：他們該怎麼做才好？這些同事感受到和卡洛琳一樣強烈的情緒了嗎？
- 進行「如果……就……」測試。

畢竟，在公司裡面，除了當前的衝突外，還有許多可以從根本影響公司文化的方法。有些事就算在編制上沒有掌握實權的人也可以做到的事，諸如：加入職工委員會、加入制定管理規範或類似制度的工作小組，或是在所謂的企業理念管理（das betriebliche Ideenmanagement）編制中對改善工作流程和處理步驟提出看法。

沒有影響力、沒有信心以積極的態度與人合作來實現自己的目標，沒有權威、也沒有影響價值觀所需的聯繫——為完成任務而制定計畫的人就是抱持這樣的看法。他們獨自站在寬廣的廊道、沒有建立歸屬感的能力、沒有信心、沒有被交付重責大任、沒有擔任管理職，而且他們過往的成就早已被人遺忘。人們期待在上位者有讓人信服的能力，即便面對阻力、處境艱難、無法馬上讓所有人滿意，或是有時沒有更上級主管的支持。

這個迷思如何和你內心的抗拒感聯合起來，傷害到你的職涯發展：

「我遭受不好的對待，我無法忍受，否則情況只會繼續下去。」

我們的心理最重要的任務就是避免痛苦，並盡可能感受愉悅——無論是在肉體上、精神上或情感上——而且，我們的心理也確實深諳此道。沒有人會喜歡被人欺侮或受到貶低。研究結果顯示：「像是社會性排擠或是情傷這類心理上的傷害，會啟動和我們肉體感受到疼痛時相同的腦區。」[60]這類傷害對某些人而言，可能會嚴重到讓他們以不受欺辱為目標來調整自己的行為。為了保護自己，他們會設想別人都有惡意動機，比如，認為某個人只看到自己的利益，只想利用或打壓別人。那麼，他們選擇的策略就是，預防性地持續堅持實現完成任務的目標。他們會過於急切地掌控指揮權、威逼脅迫，並拒絕任何想親近他們的人。然而，面對那些明顯強過他們，或是地位較高的人，他們又會極力忍氣吞聲。如果他們在工作上表現突出，那麼一段時間維持這樣的情況也不錯。

造成「堅持致勝」的不切實際幻想的原因

往往是一些小事或疏失就會讓我們感覺受到貶低：一個女人開休旅車強行擠進左轉車道；超市收銀機前等候結帳時，有個男人插隊；有人把自己的東西攤開來放在共用的桌子上，並且佔滿了整張桌面；有人滔滔不絕地講個不停，完全不在意其他與會者的看法，或是在會議中不斷插話，打斷別人的報告等。這時，心理已然陷入混亂，

60 Meyer, Anneke: *„Wenn die Seele wehtut“*, Spektrum.de, 06.11.2014

思索著如何重建自信。

每天都會出現一些讓人覺得難受或受辱的情況，或者，更精確地說：可能被感受為受辱的情境，因為有時候心理不會做出反應——完全取決於，是誰、做了什麼事、以何種態度、手勢、面部表情，現場是否有觀眾。因此，是否感覺受辱因人而異。或許對某人來說開朗、熱情的行為舉止，會讓另一個人感受到壓力和約束。

在令人心理不舒服的情況下堅持做自己想做的事，就像是低血糖造成的休克現象：急速過度興奮，接著又馬上全身無力。這種感覺真是棒極了，讓人有勝利的感覺並提升了自信。堅持致勝的故事聽起來都像是刺激的冒險、充滿自由精神和英雄氣概：「現在終於讓所有人知道，不能那樣苛待我了！」當心理依循職場迷思，開始閱讀教人堅持致勝的書、隨時注意「對手」的一舉一動，那些無力、軟弱、挫折的不愉快情緒就消失得無影無蹤了。光是在心理這樣盤算就已經讓人欣喜若狂，尤其是如果還有人把自己美化成羅賓漢之輩、可以為他人而戰的叛軍領袖。單純是為了回避痛苦嗎？至少這類英雄傳奇故事可以保障短時間的好心情。

不僅是人，在每個文化與次文化中，當他人侵犯到自己的邊界時，都會被視為攻擊。可以對一位女性主管說什麼、什麼不能說？伴手禮要送多大或多小才不會對東道主失禮？怎樣的表現才得體、怎麼做才公平、什麼可以做，又有什麼不能做——每個文化都有各自被視為觸發羞辱的開關。比如在阿拉伯的商界文化中，無論是業務方面的會談或非正式對話，人與人之間的距離只有幾公分已經是共識。但是到了英國，如果彼此之間的距離不到半公尺就足以造成糾紛。

心理上的羞辱或傷害有時可以回溯到很久以前，或許是兒童時期或青少年時期，且造成的影響持續往後很長時間。進入成年後，心理上依舊不斷想逃避那些令人害怕的傷痛。如果有人是家中四個手足中年紀最小，但是最聰慧的那一個。只是因為年紀最小，他的聰明才智從未被認真對待，那麼就有可能發展成複雜的執行能力。這種因為過去類似的情境而誘發的心理傷痛（也就是痛苦的經驗），稱為「再度創傷」（Retraumatisierungen）。於是，總是堅持自己是對的、一定要保持優勢地位的衝動，可能就此深刻地影響了這個在家中排行最小的孩子。在職涯發展過程中，帶有諸如此類或類似日常創傷的人並不少見。他們以獨裁的方式管理員工，復又因此提升了員工堅持達到目標的意志——最終，形成一種惡性循環。

你的職涯策略：發揮你的影響力

即便知道堅持完成任務，既不會改變他人的行為，也不會成就你的職業生涯，但這並不代表，你該從此接受所有的惡劣對待。你只是需要有效的方法，以對那些你認為不公正的局勢與人造成影響。也就是說，你該放棄堅持行事的模式，並轉換到發揮影響力模式。

影響力並非別人給你，也不是固定不變的。影響力是在每天與人交涉的過程中出現的，而且可能發生在各個層面。有人即使沒有實權，也可能有非常大的影響力。比如你是意見領袖，因為你和許多來自各種領域的重要人物都有接觸，因為你足以左右這些重要人物的判斷，那麼別人就會認為你有專業知識和權威。不過，如果別人認為你有影響力，你也會有影響力。畢竟，意見主導權來自於與他人連結的緊密程度。

影響力和能力沒有絲毫關係，所有影響力都關乎與他人連結的緊密程度

如果和別人的關係不密切，無論你有多優秀，就算有最好的想法也不會被聽到。類似的情況就發生在萊基身上：萊基是一位宅男資訊科學家，開發出許多前景看好的程式，並藉由這些程式，每年為他任職的公司賺進豐厚的營業額。這位資訊科學家雖然獲得優渥薪酬，但與決策者幾乎沒有接觸。他樂在工作，而且很成功，所以別人也接受他獨行俠的角色。然而在公司陷入危機時，他的部門被原公司分割並售出給亞洲一家集團式企業。雖然萊基有一套完整的規畫，可以大幅提升他開發出的程式所帶來的營業額和利潤。無奈沒有人關心這件事；甚至得不到一次面見董事長的機會。他新的亞洲人老闆無法理解他的工作方式，還認為他的行為舉止怪異到甚至用狂妄來形容。於是，兩人的發展路線就此出現分歧。即便後來萊基自立門戶，他也很難讓人對他極具前瞻思維的構想提起興趣。

能力和影響力是兩種截然不同的層次。這一點曾經把許多有抱負的人逼入絕境，只因他們不知道怎樣才能有影響力。這是一個漫長又常看不見的過程。但如果你能站在老闆的角度來思考，就比較能理解這個產生影響力的過程了。身為老闆的人總感覺自己身邊充斥著各種「好想法」和改善建議，會不斷聽到周遭的每個人提出各種各樣、各自希望實現的構想和要求。甚至，這些老闆自己的家人和朋友也不停強求，要他們接受親朋好友自認為非常好的想法。如果這些老闆無法杜絕訴求洪流，將無法安然度日。所以身為老闆的人，更喜歡與那些對他們無所求、只是想共度美好時光，以及能自在閒聊的人談話。他們更喜歡那些能以輕鬆心情和善意，並在期間或不經意提到一、兩個想法的人。

那麼，身為主管或老闆的人會對什麼事有反應呢？對與他們關係親近的人。在即將進行一場相互尊重的對話、無須與人劃出界線或說出「不」字時，他們感到心情愉快。他們的助理會察覺到自己上司的心情，立即為你轉接到老闆的分機。於是，你會聽到：「請稍候。我們老闆很開心接到您的來電！」——而不是讓助理想著，自己該如何盡快結束與你的通話。關係親近和有影響力，或是保持距離和無能為力，這兩方能量定義了每一次的人際互動，是自然而然、日常行動的一部分，而且幾乎是在每次溝通交流之中順帶進行的，任何群體關係都無法擺脫這一點。倘若有人在日常生活中，能夠與其他有影響力的人拉近關係，進而行使權力，就會馬上呈現出：人們樂於聽他們想說的話、認真看待他們關心的議題。

獲取影響力的策略是普世通則：往往是一些以號召追隨者為目的、日常行事中不起眼的正向行為模式。更精確地說：是自願的追隨者。在托兒所中，有些兩歲幼兒就已經知道如何快速發揮影響力：「這些孩子會得到更多關注。在遊戲時，他們常是主導者並掌控重要資源，比如搶先玩到大家都想玩的滑板車或盪鞦韆。」[61] 加州大學柏克萊分校心理學教授達契爾・克特納（Dacher Keltner）在他值得推廣的著作《權力的悖論》（*Das Macht-Paradox*）中，就提到權力如何發展與建立，以及如何加以延續。根據克特納的說法，能在自己的社交圈維繫可靠連結的人就能擁有長久的權力。[62]

你是否希望可以不用再極力主張你的立場，決策就會往有利於你的方向發展？是否希望你就是那個天選之人？是否希望，衝突得到解決、職涯發展和薪水向上跳好幾級？那麼，你需要有影響力。

為了發展出影響力，就要結合我們在本書中提到的各種不同層面的態度與行動。而這又離不開與人親近的程度：你是否能被看到？其他人願意聽你說話嗎？別人能肯定你的存在嗎？你是否取得權限？

如果你不斷讀到和聽到，在企業運作情境中如何堅持致勝，那麼我們在本書中介紹的新觀點，一開始可能讓你覺得難以置信——甚至像是不公平的訴求。始終在相關範圍內、有策略地思考，對你來說或許是一種全新的學習體驗。但長遠來看，我們的

61 Keltner, Dacher: *Das Macht-Paradox*, Campus Verlag, Frankfurt am Main, 2016, S. 37
62 Keltner, Dacher: *Das Macht-Paradox*, Campus Verlag, Frankfurt am Main, 2016

影響力規畫——也就是「我們一起成功」（Wir-Erfolg）——可以讓你變得更有影響力。當然會有一些難相處的人，甚至你自己也可能是這一類人。即便如此，你還有這個「我們」。你希望在公司裡面一起進步、成長，而且有所成就。你越是把這種思維變成習慣，就越能意會到，難相處的主管並非你的敵人，而是你的盟友。請你保持在「我們」的層面思考：「我們希望在這裡一起有所成就。」

為什麼要發展職業生涯？

有抱負的人不是從來沒想過這個問題，就是不斷思考這個問題。至於到底是哪一種，取決於你是否找到正確的位置。你不由自主地依循自己的抱負行事，而你的抱負也努力要把你帶往可以實現理想的地方。意義治療法創始人、奧地利神經科學與精神病學家維克多・法蘭克（Viktor Frankl）在人身上看到追求人生意義的決心。為此，他提到：人生應該有意義。[63]

所謂的意義不見得是在事業上有所成就。有時候，人也會在不顯眼的第二線、比較沒那麼光鮮亮麗的職位上、自己的興趣愛好中、獻身志工工作中或在家庭中找到成就感。或者，可能是你的抱負引導你進入從未料想到的領域，讓你得到想都沒想過的晉升機會。在這段人生中，我是誰？這是對所有人來說，都很重要的問題。如果只是

63 Frankl, Viktor E., *Über den Sinn des Lebens*, 5. Auflage, Beltz Verlag 2021

想要幸福感，人不一定要發展職業生涯，你就能覺得充滿了意義。當你覺得心滿意足時、潛心鑽研自己的興趣、投身志工工作、照護生病的父母時，你都會覺得人生充滿意義。於是你知道：此生我處於正確的地方，也做出了正確的決定。能全神貫注在自己的行動中，並得到「心流體驗」[64]的人是幸運的。雖然不會始終如此，並非每時每刻都在發生，但會成為基本感受。畢竟，能發揮真正起到作用的始終是我們的內在動機。當你讀過本書時，如果你正在從事一項極具挑戰的工作、如果你想要達到更高的境界且有所學習，那麼你必定對這種要完善自己的技能，並且為這個世界貢獻一己之力的強烈動力不會感到陌生。

有抱負的人會做出職業生涯的決策嗎？看起來似乎並非如此，因為通常與之相關的是對身分地位、財富、名聲，亦即職業生涯的可能成果的渴望。對一個畢業自菁英大學的學生來說，前途發展似乎都已經被安排好了。他會在心裡琢磨：在哪裡發展對我最有前景可期？這個職業生涯的第一步並不會決定一切，卻也並非完全是沒有規畫的職涯發展。「兩年後，我要完成這個目標。接著完成那個目標。然後我要達到怎樣

64 請參見：Csikszentmihályi, Mihály: *Flow. Das Geheimnis des Glücks*, 8. Auflage, Klett-Cotta, Stuttgart, 2021。中文版：米哈里・契克森米哈伊（2023）。心流。台北：行路出版社。

的地位，再然後……」——因為這種想法早就被「變動性—不確定性—複雜性—矛盾性」（VUCA）的現實淘汰了。[65]追隨內心的召喚或抱負，是更深入的層面，不是某個計畫，而是關乎一個人的人格特質。人在人生中必須經歷過很多事情，才能到達那個可以實現他們抱負的位置。這是金錢無法取代、名利也無法取代，內心的渴求無法因為一個頭銜就得到滿足。我們撰寫本書的前提是：讓人得以過上幸福、充實的人生——當然，要達到這個目標有很多方法，工作只是其中一種。在職業生涯中有所成就又是另一種。如果性格、周遭的人、工作、能力、經驗等條件一切都恰到好處，就會讓人感到：「我在這裡適得其所。」為這種目標無條件地付出努力過、體驗過，並加以遵循的人，都是幸福的人。而且往往都有隨之而來的聲名和金錢，就像在經濟上非常成功的美國作家克莉絲汀．魯潘妮安（Kristen Roupenian）一樣。魯潘妮安深知，想要財務自由也需要勇氣：

「如今我也來到四十歲，所擁有的也足夠了。我可以說：我已經有了過去所

65 VUCA是德語「變動性」（Volatilität）、「不確定性」（Unsicherheit）、「複雜性」（Komplexität）、「矛盾性」（Ambivalenz）的縮寫，意指對企業的未來難以預測且無法提前規畫的商業工作環境。

渴望的一切。但如果我這樣說，就是我說謊了。因為真相是，我從來沒有勇氣渴望金錢和自由到這種程度。」[66]

魯潘妮安以上這段話道出了，有抱負的人他們的人生是何等豐盈。有抱負的人把分享思考和交流想法當作一種生活態度、一種心態、一種覺知，這是何等的特權。

為什麼要追求職業生涯……

……因為可以讓人感受到內心富足。成功的人察覺到自己是知足的，也感受得到他人的內心富足。只是這並非因為成功才感受到的，而是一直都在。要感受到這種內心的充實、遊刃有餘和心流狀態，需要有特別的覺知和注意力。這也是你的特權：與他人連結的緊密程度，以及在職場工作中得到支持的程度。

每個察覺得到的不足都需要關注，只是你沒有必要給予這樣的關注。請不要說：「等我有很多錢了，我就要……」反而你要做的是盡情享受你現在所擁有的，並與他

66 Roupenian, Kristen: *"Habe ich all das Geld verdient?"*, Süddeutsche Zeitung, Nr. 49, 2022, S. 12

人分享。不要想著：「為什麼我的新主管沒有對我的客戶或其他人等表達謝意？」你應該要為你擁有的，而得以慷慨大方感到高興，不要考慮如何避免錯誤，也別讓內心充斥貪婪、吝嗇、傲慢及嫉妒。因為內心富足是一種自信和歡迎來到這個世界的感受。無論是在順境或逆境，當人可以看到自己內心的富足，不受艱困時局所影響，就能自信地對自己說：「我的時機終將到來！」

……因為樂在學習。在日常中學習是人類內建的能力。有事情進行得不順利嗎？那麼學習就會有所助益。即是願意不斷調適，以順應新的人、任務或周遭環境變化的能力。只是這種能力偶爾有其限制。因為新的咖啡機無法馬上啟動就暴跳如雷的人，很有可能也很難應付職業生涯中遇到的困難。學習障礙終究與職涯發展障礙脫不了關係。

無論是新的咖啡機或職業生涯，都需要有好奇心和探索精神。保持學習模式的意思是，不斷對自己的思考模式，以及自己所相信的職涯迷思有新的見解。當有人的職涯發展再進一步，在自己的專業領域被視為權威後，仍能保持理想的學習精神，並總是樂於接受新的體驗，心態更開闊，而從事的工作也會深入新的、額外的學習領域。

對人工智慧、新創事業的想法、和平外交和藝術的好奇心就是這樣產生出來的。藝術顧問伊娃・謬勒（Eva Mueller）在她每個星期發布的電子報中發表了一系列關於學習欲望的藝術創作想法。[67]藝術世界讓人感到熱情、感動和驚奇，並讓人用另一種眼光看待在企業中的日常運作。

成就越大，要學的東西就越多。反之，求勝欲反而會有所消退。決定成功和突破與否的是最微小的細節。優秀的人很多，但是到底誰能與其他人有所不同，又以何種方式展現出他的與眾不同呢？在高階管理層中，「要學的越多東西」通常指的就是良好的人際關係、自我效能信念與善意。

……因為職涯發展讓人看到新的可能性的同時，也讓人發掘自我。好奇心驅策著人前進。除此之外，好奇心能做到的事還多著呢！我也想這樣做、我也想成為這樣的人。每個職涯發展階段都會開啟一個新世界。於是，我感受到挑戰，而且有一股力量推動著我前進。如果這種自我發現和職位上的晉升同時發生，可真是一大幸事！

67 Mueller, Eva: www.kunstberatung.de/service/newsletter-eva-muellers-visionary-sunday-post/（原文作者提供的網址存取於二〇二一年四月三日）

學習不懈的國際知名日裔美籍指揮家肯特・長野（Kent Nagano）在他所著《我人生的十堂課》（*10 Lessons of my Life*）[68]中，提到了這種熱情。他不是在書中講述他如何成為明星指揮家，而是談到他在古典樂界的同行讓他印象深刻的事跡，比如冰島歌手兼音樂製作人碧玉（Bjork）如何啟發他的靈感，以及他從美國音樂人法蘭克・札帕（Frank Zappa）身上學到了什麼。

成就職業生涯的是抱負，而非規畫。每一段有成就的職業生涯，都是一個需要很多人參與而漫長的改變心態的過程，而這個過程要由每個人自發性地展開。獵人頭顧問蕭普認為：

> 「沒有人的職業生涯可以提前精準規畫。即便你從小就清楚，自己以後一定要成為老闆，也無法預知這段旅程會將你帶往何處。你固然可以遵循某個方向，或是計劃你每次的下一步要怎麼走，但最終是否真的可以照你的意思發展，就職涯生涯而言，從來不會只取決於你一個人。」[69]

68 Nagano, Kent & Kloepfer, Inge: *10 Lessons of my life. Was wirklich zahlt*, Berlin Verlag, München, 2021

69 Schorp, Stephanie: *Persönlichkeit macht Karriere. So stellen Sie die Weichen für Ihren eigenen beruflichen Weg*, Campus, Frankfurt am Main, 2022, S. 12

回顧一段職業生涯，感覺就像是在日常生活中、在各個層級階段自我表述的渴望。除了展現自己能力的欲望及憑藉本事被人看到的渴望，還必須有為了發揮和完善自己的才能，投注精力和（自己的）金錢的準備。此外，還有如何處理錯誤、面對彎路和挫折的良好心態。原本這本書的書名也可以叫做：《我們犯過的所有錯誤》（*Alle Fehler, die wir gemacht haben*）。我們了解自己、失誤過，也曾經失敗過，而如今我們知道：所有成功人士也是這樣，就連我們兩位作家也不例外。我們已經不再是當初步入職場的新鮮人了。我們從來無法預知，我們即將面對怎樣的改變，也無法預知我們的人生會繼續不斷發生怎樣深刻的變化。不知道個人方向會出現怎樣的變化；我們也不知道人生未來會變得如何美好又多麼充實。想要在職業生涯上有所成就的人，就會不斷重新定位自己。我今天是誰？明天我又會是誰？我想在這裡安定下來、或是轉換陣地？這是我一直以來想要的嗎？對許多人來說，當職業生涯有所成就就是實現了他們一生的夢想。我們就是如此，即使無法明確說出人生的夢想是什麼。直到我們成為高階管理顧問後的現在，我們才知道：這就是我們一直想實現的目標。有所抱負的人，就會想把自己的抱負傳達出去，並在其中找到內心的滿足感。

……**讓我得以施展才能、發揮我的人格特質，令我心有歸屬。**一名二十六歲的女性嘻哈舞者有嚴重的風濕疾病。在長年的理療過程中，她接觸到瑜伽和阿育吠陀食療。由這兩種方式並進調理，讓她得以極為緩慢的速度，逐漸擺脫疼痛並恢復活動能力。她滿懷熱情地研習瑜伽和阿育吠陀食療，並在經歷過漫長的健康（還有經濟上的）考驗後，她開始擔任瑜伽老師，為各種不同訴求的客群提供瑜伽課程服務，展開了新的職涯之路。僅僅兩年時間，她成功地開設了自己的大型瑜伽教室。這間氛圍優雅的瑜伽教室坐落在城裡的高處，她聘用了許多瑜伽老師來這裡授課。此外，她也寫書、接受訪談，並為病況較嚴峻或曾受過嚴重運動傷害的學員提供一對一的密集私人教練服務。經營一家有許多雇員而且營業額還頗可觀的瑜伽健身教室，對她來說完全是新的體驗，雖然她做得還不錯，卻也有極大的壓力，因為她從來沒有足夠的時間來做自己想做的事，尤其是沒有時間參加喜歡的進修課程。漸漸地，她也沒有了新的想法、沒有時間和世界上最厲害的瑜伽教練切磋、無法精進成長——這些都讓她越來越難忍受現在的生活。後來，當風濕症復發的症狀開始出現時，她也不當一回事。果不其然，她再次病倒了。當她的精力和存款見底時，她將自己創立起來的瑜伽教室交給新的經營者，自己保留了她一對一授課的幾個學員，並把教室遷往較小的空間經營。

她感受到生存焦慮，直到越來越多有抱負的成功人士表示，想跟著她修練瑜伽，她才能夠再度親自定期前往世界各地受訓。在四十歲時，她（才暫時）找到了適合自己的位置。

「我不在正確的位置上，我需要更多或不同的學習和施展機會、需要承擔更多或不同的職責。」倘若有人察覺到以上感受，就需要有改變的力量。耶魯大學心理學教授保羅・布倫（Paul Bloom）特地為此寫了一本書，名為：《有多痛，就有多值得：痛苦的價值及其如何為我們帶來快樂》（*The Sweet Spot. Suffering, Pleasure and the Key to a Good Life*）。[70]書中探討，為何需要努力才能找到意義、或進入心流、或在職涯上有所成就。想要過上幸福、美滿的人生，就要努力、辛勤付出以及克服各種阻力。

……因為我察覺到：「我還能做更多。」多才多藝的德國網球女將安德列雅・佩特科維奇（Andrea Petković）一次在為她當時剛出版的自傳體小說《榮耀和榮譽之間僅一夜之隔》（*Zwischen Ruhm und Ehre liegt die Nacht*）[71]宣傳而接受訪談時，曾經提到

70 Bloom, Paul: *The Sweet Spot: Suffering, Pleasure and the Key to a Good Life*, 1. Auflage, Bodley Head, London, 2021
71 Petković, Andrea: *Zwischen Ruhm und Ehre liegt die Nacht: Erzählungen*, 3. Auflage, Kiepenheuer & Witsch, Köln, 2020

這種為了實現願望而努力不懈的精神。她認真地問自己：「這種決心到底從何而來？」[72]如同許多成功人士一樣，她也沒有可以回答這個問題的答案。他們感受到想要達到更高境界的決心和欲望，也察覺到這種心態如何引導他們，卻沒有概念從何而來。作為本書的作者，我們讀到這些內容時，為自己感到驕傲且幸運，因為我們已經能夠解密又將之描述出來，並獻上我們的前作《抱負》。

美國知名作家保羅・奧斯特（Paul Auster）在他的著作《與陌生人交談：五十年來精選散文及其他作品》（*Mit Fremden sprechen. Ausgewählte Essays und andere Schriften aus 50 Jahren*）中，對他如何完全服從自己的抱負行事，做出了極具參考價值的敘述。[73]私生活、政治事件、閱讀、運動、旅遊、與人相遇——任何事都可以被寫成文學作品。縱使不知道這是他的抱負自動衍生出來的意志，他只是服從自己的這份意志，便如此精彩地寫下了其中的迫切性，以及他如何在這份意志的引導下度過他這一生。

---

72 Mangold, Ijoma: *“Großes gelingt nur im Flow“*, DIE ZEIT, Nr. 42, 2020, S. 4 ff.

73 Auster, Paul: *Mit Fremden sprechen: Ausgewählte Essays und andere Schriften aus 50 Jahren*, 2. Auflage, Rowohlt Verlag, Hamburg, 2020

「我不知道，為什麼我要做這些事……我只能說、非常肯定地說：我從很年輕的時候就已經察覺到這種需要。我指的是寫作這件事，尤其是以寫作作為說故事、編故事的工具，那些被我們稱為現實的領域中從未發生過的故事。就這樣度過他的一生，無疑是一種很奇特的方式：獨自坐在一個房間裡、手握著一支筆、一個個小時、日復一日、年復一年，辛苦地將文字寫到紙上，只為了造出一些（除了在自己的腦袋裡）不存在的東西。為什麼會有人想要這樣做呢？我曾想到過的唯一答案是：因為必須這樣做、我別無選擇……而這也是我唯一想做的事。」74

……**因為我感受到，引領我前進的偉大志向是什麼**。發展職業生涯在另一層意義上並非工作的延續。當然，工作會隨著職涯發展而有所改變。隨著職涯發展，工作會有更多要求、需要承擔更多責任，還有更多施展空間。個人、生活方式、來往的朋友和接觸到的人，以及習慣與態度都會出現更大的轉變。這包含，你能認清自己的能力

74 同上，第409頁起。

範圍，並以認真和尊重的態度看待自己。我是誰？我的定位在哪裡？我想要成為怎樣的人？有這麼一句話足以阻礙你用正面的語言思考、發現或說出你的能力：這不會太誇張了嗎？不，才不會。你為什麼要讀這一本探討職涯迷思的書呢？你從中學到了什麼？又應用了哪些方法？你是如何走到你如今的地位的？

……**因為我想要讓世界更好**。如果剛進入職業生涯就看到，怎麼做可以發展更順利、大家一起可以創造更多可能、如何能打造「我們」共同體的共識，那麼有這些認知的人就會知道：他們需要施展的自由空間、應和他們想法的追隨者，也需要權力才能實現他們的想法，還有一份值得發展的事業，才能使這個世界變成更好的地方。每一個有理想抱負的人都想達到這個目標，不僅意識到要善用自己的知識和見解的責任，也需要其他人能夠分享他們個人的信念，並且有想法、也同樣為大局著想的人。真正的成功人士都有超越自身、顧及和影響他人的使命感。由此生出好口碑，更重要的是：吸引到許多長期關注的人——即使是在職業生涯出現變化或告一段落之際。如果其他人競相邀你加入談話、希望引起你的注意、與你一起現身並提攜你，那麼你就走對路了。你的所做所為已經引發共鳴。

……因為一切都很受歡迎。當有人需要你的特殊技能，並樂見你的一切所能時，你就做到了——他們樂見這樣的你與你的行事方式。你的周遭都是追隨你、激勵你實現更高目標的人。你可以付出很多，並且所有的一切都順利帶來成效。這是一種很棒的感覺，而且往往要經過多年的努力，或幾次工作變動後，才能看到成果。職業生涯就是找到自己的舞台或是創造自己的過程。

……因為你想保持青春和保有幸福。最棒的認知是：抱負不分年齡。抱負讓你帶著好奇心、靈感和驚奇走遍這個世界。每一天都是新的一天。「當我工作時，我有著和購物時不同的年紀。」著名知識分子亞歷山大·克魯格（Alexander Kluge）在他九十大壽時如是說道。[75]

你認為呢？

75 Beyer, Susanne: „*Die Vergangenheit lebt in uns weiter*“, DER SPIEGEL, Nr. 7, 2022, S. 108

感謝的話

我們寫的是改變人生、讓職涯發展順利成為可能的相遇。其他人讓生活很緊湊、愉快、幸福。但我們心心念念的，來自各方領域。我們悠遊在一個浩瀚無邊的學習宇宙，裡面有西西・巴諾斯（Sissi Banos）、艾樂可・本寧－隆恩克（Elke Benning-Rohnke）、雅思敏・伯爾翰（Jasmine Borhan）、頌雅・孔拉德斯博士（Dr. Sonja Conrads）、埃娃・杜勒博士（Dr. Ewa Dürr）、馬丁・杜勒博士（Dr. Martin Dürr）、華倫廷・伏理斯（Valentin Fließ）、安德烈亞斯・福樂博士（Dr. Andreas Föller）、赫帝・弗朗索瓦－凱特納（Hedi François-Kettner）、安斯蘭・勾勒斯博士（Dr. Anselm Görres）、佩特拉・基浦費斯貝格教授（Prof. Dr. Petra Kipfelsberger）、華特・克饒斯（Walter Kraus）、安得列亞斯・樂西塔勒（Andreas Lechthaler）、伊馮娜・莫勒克（Yvonne Molek）、伊娃・謬勒、卡特琳・饒恩博士（Dr. Katrin Rauen）、史黛芬妮・蕭普、古德潤・史瓦澤博士（Dr. Gudrun Schwarzer）、克勞斯・希費特（Klaus

Siefert）、妮可拉・提格勒（Nicola Tiggeler）、莫妮卡・瓦斯提娜（Monika Wastian）、約耳根・魏曼教授（Prof. Dr. Jürgen Weimann）以及托馬斯・威爾德（Thomas Wilde）等這些來自藝術、科學、管理顧問、政治和企業的各領域菁英。對我們來說，他們就是我們的社群原鄉。他們所有人在各自專業的領域中，都是獨一無二、無從仿效的頂尖存在，我們始終受益於他們的才能和智識。

全球知名暢銷書作家、《時代週報》撰稿人海珂・法勒（Heike Faller）從我們開始寫這本書，就一直陪伴著我們。還有，與我們的編輯絲黛芬妮・華爾特（Stephanie Walter）在一次視訊會議中，我們一起想出了本書的書名。就我們四個人，那真是一次很特別的經驗！當能力結合熱情，就會有所突破、激發出最高效能，並展現出自由精神。

當我們說話、寫作或一起討論時，我們都想知道：還能怎麼進行？「還能做到更多」（Weit mehr）——這個研討會主題是執業範圍涵蓋國際的公關宣傳公司「原典」（Archetype）總經理碧姬・海諾德（Birgit Heinold）、內容行銷專員尤格・雷努威特（Jörg Lenuweit）幫我們想出來的。「還能做到更多」吸引我們之甚，讓我們不斷將這個主軸概念帶進本書中。

我們在《明鏡線上誌》上發表的文章得到許多迴響。透過這些迴響，我們意識到職涯發展有太多迷思，以及這些迷思會帶來多大的自我傷害。許多評論都很值得一讀而且引人反思，也有一些評論提到和職涯發展概念相關的內心阻力。這些評論的內容，對我們來說都非常珍貴，而我們帶著熱情和改變的決心撰寫文章，並且特別感謝《明鏡工作與職涯》專刊（*Spiegel Job + Karriere*）部門負責人赫勒娜・恩德雷斯（Helene Endres）以及《明鏡工作與職涯》專刊兼《經理人雜誌》（*manager magazin*）編輯馬然・霍夫曼（Maren Hoffmann）邀我們為《明鏡線上誌》撰稿。那真是令人感到幸運的時刻！同樣也感謝克勞蒂亞・陀德特曼（Claudia Tödtmann）邀請我們為《經濟週刊》（*WirtschaftsWoche*）撰稿。與記者的交談總是令人受益匪淺。他們提出的問題帶給我們新的創想，同時也開啟了新的視角。我們與《哈佛商業經理》（*Harvard Business Manager*）編輯克里斯蒂娜・凱斯特爾（Christina Kestel）的對話也是如此。為凱斯特爾寫文章總是一場智力挑戰。

我們與這個傑出的團隊合作多年，非常感謝他們的工作成果：包含艾克哈德・基塞勒（Ekkehard Kissel）、布莉姬特・門德（Brigitte Mende）、米莉安・涅夫－諾爾斯（Miriam Neff-Knowles）、哈洛德・勞騰貝格（Harald Rautenberg）、艾榭・洛米（Ayşe

Romey）等人，他們都很傑出，都是真正的高手。門德把我們的書編輯得很好。如果還有錯誤呢？如果讀者你還找出一些錯誤，請容我們再做補正。

同樣為了這本書，再次讓一家優秀的代理商和出版團隊聚在一起。我們跟著亞里斯頓出版社（Ariston Verlag）的專案經理史蒂芬妮・華爾特（Stephanie Walter）一同到訪她的新出版社。當我們不斷努力調整我們作品／當我們在不斷變化的工作中努力的同時，我們也尋求可靠和穩定的合作對象。如果人彼此認識，一切都將變得更容易。權威的版權代理商米榭埃爾・梅勒（Michael Meller）讓我們的人生變得更輕鬆了。在我們為這本書正寫得焦頭爛額時，華爾特和梅勒兩人共同安排了這本書的出版事宜。真是太棒了！

在我們的教練資格規範中，規定我們必須為我們輔導的學員姓名和內容保密，因此我們無法在此一一向我們的學員致謝。真是太可惜了！我們接觸過這麼多地位舉足輕重、優秀、勵志、令人興奮、有趣、勇敢的事蹟，讓我們感到特別幸運，可以為這些來自世界各地、來自各種專業領域高層的真摯、有趣的人提供顧問諮商服務。他們鼓勵了我們。顧問輔導是互相的、不斷持續的學習過程——即使在人與人親自接觸後許久仍持續發生的學習過程。

特別感謝我們阿席希、巴格、埃希特、弗爾曼、克佩勒、納格舒米特這幾家人的聯合大家族（Assig-Barg-Echter-Fuhrmann- Keppel-Nagelschmidt-Familien）。他們用愛、信任和信心陪伴著我們，是我們內心安定的住所。

謝謝！阿席希與埃希特

推薦書目

1. Assig, Dorothea & Echter, Dorothee: Ambition. *Wie große Karrieren gelingen*, 2. Auflage, Campus, Frankfurt am Main, 2019
2. Assig, Dorothea & Echter, Dorothee: Freiheit für Manager. *Wie Kontrollwahn den Unternehmenserfolg verhindert*, Campus, Frankfurt am Main, 2018
3. Bauer, Joachim: *Warum ich fühle, was du fühlst. Intuitive Kommunikation und das Geheimnis der Spiegelneurone*, Heyne Verlag, München, 2006
4. Bloom, Paul: *The Sweet Spot: Suffering, Pleasure and the Key to a Good Life*, 1. Auflage, Bodley Head, London, 2021
5. Bregman, Rutger: *Im Grunde gut: Eine neue Geschichte der Menschheit*, Rowohlt Verlag, Hamburg, 2021

6. Csíkszentmihályi, Mihály: *Flow. Das Geheimnis des Glücks*, 8. Auflage, Klett-Cotta, Stuttgart, 2021
7. Dufourmantelle, Anne: *Lob des Risikos. Ein Plädoyer für das Ungewisse*, Aufbau Verlag, Berlin, 2018
8. Dweck, Carol: *Selbstbild: Wie unser Denken Erfolge oder Niederlagen bewirkt*, aktualisierte und erweiterte Ausgabe, Piper Verlag, 2017
9. Echter, Dorothee: *Führung braucht Rituale. So sichern Sie nachhaltig den Erfolg Ihres Unternehmens*, 2. Auflage, Verlag Franz Vahlen, München, 2011
10. Kleon, Austin & Flegler Leena: *Show Your Work! 10 Wege, auf sich aufmerksam zu machen*, Mosaik Verlag, München, 2016
11. Kühne, Madeleine: Millennial Boss. *Wie du Boomer und Gen X erfolgreich führst*. Campus, Frankfurt am Main, 2020
12. Märtin, Doris: *Habitus. Sind Sie bereit für den Sprung nach ganz oben?* Campus, Frankfurt am Main, 2019

13. Nagano, Kent & Kloepfer, Inge: *10 Lessons of my life. Was wirklich zählt*, Berlin Verlag, München, 2021
14. Pépin, Charles: *Kleine Philosophie der Begegnung*, Carl Hanser Verlag, München, 2022
15. Schilling, Erik: *Authentizität. Karriere einer Sehnsucht*, 2. Auflage, C.H. Beck, München, 2021
16. Schorp, Stephanie: *Persönlichkeit macht Karriere. So stellen Sie die Weichen für Ihren eigenen beruflichen Weg*, Campus, Frankfurt am Main, 2022
17. Strenger, Carlo: *Die Angst vor der Bedeutungslosigkeit: Das Leben in der globalisierten Welt sinnvoll gestalten (Psyche und Gesellschaft)*, Psychosozial-Verlag, Gießen, 2016
18. Tempest, Kae: *Verbundensein*, 2. Auflage, Suhrkamp Verlag, Berlin, 2021
19. Wlodarek, Eva: *Die Kraft der Wertschätzung: Sich selbst und anderen positiv begegnen*, dtv, München, 2019

國家圖書館出版品預行編目資料

有一天你們會看到我有多麼行 / 朵洛堤雅．阿席希（Dorothea Assig）、多蘿娣．埃希特（Dorothee Echter）著；黃慧珍 譯. -- 初版. -- 臺北市：商周出版, 城邦文化事業股份有限公司出版：英屬蓋曼群島商家庭傳媒股份有限公司城邦分公司發行, 2024.12
面；　公分
譯自：Eines Tages werden sie sehen, wie gut ich bin!
ISBN 978-626-390-353-1（平裝）
1. CST: 職場成功法　2.CST: 生涯規劃
494.35　　113017072

線上版讀者回函卡

有一天你們會看到我有多麼行

原著書名／Eines Tages werden sie sehen, wie gut ich bin!
作者／朵洛堤雅．阿席希(Dorothea Assig)、多蘿娣．埃希特(Dorothee Echter)
譯者／黃慧珍
企劃選書／林宏濤
責任編輯／陳薇

版權／吳亭儀、游晨瑋
行銷業務／周丹蘋、林詩富
總編輯／楊如玉
總經理／彭之琬
事業群總經理／黃淑貞
發行人／何飛鵬
法律顧問／元禾法律事務所　王子文律師
出版／商周出版
城邦文化事業股份有限公司
台北市南港區昆陽街16號4樓
電話：(02) 2500-7008 傳眞：(02) 2500-7579
E-mail：bwp.service@cite.com.tw
發行／英屬蓋曼群島商家庭傳媒股份有限公司城邦分公司
台北市南港區昆陽街16號8樓
書虫客服服務專線：(02) 2500-7718．(02) 2500-7719
24小時傳眞服務：(02) 2500-1990．(02) 2500-1991
服務時間：週一至週五09:30-12:00．13:30-17:00
劃撥帳號：19863813　戶名：書虫股份有限公司
讀者服務信箱E-mail：service@readingclub.com.tw
城邦讀書花園　網址：www.cite.com.tw
香港發行所／城邦（香港）出版集團有限公司
香港九龍土瓜灣土瓜灣道86號順聯工業大廈6樓A室
電話：(852) 2508-6231　傳眞：(852) 2578-9337
E-mail：hkcite@biznetvigator.com
馬新發行所／城邦（馬新）出版集團 Cité (M) Sdn. Bhd.
41, Jalan Radin Anum, Bandar Baru Sri Petaling,
57000 Kuala Lumpur, Malaysia
電話：(603) 9057-8822　傳眞：(603) 9057-6622

封面設計／周家瑤
內文排版／新鑫電腦排版工作室
印刷／韋懋實業有限公司
經銷商／聯合發行股份有限公司
電話：(02) 2917-8022　傳眞：(02) 2911-0053
地址：新北市231新店區寶橋路235巷6弄6號2樓

■2024年12月初版1刷
定價 460 元

Printed in Taiwan
城邦讀書花園
www.cite.com.tw

ISBN　9786263903531
ISBN　9786263903524（EPUB）

廣　告　回　函
北區郵政管理登記證
台北廣字第000791號
郵資已付，免貼郵票

115台北市南港區昆陽街16號8樓

英屬蓋曼群島商家庭傳媒股份有限公司　城邦分公司

請沿虛線對摺，謝謝！

書號：BK5227　**書名：**有一天你們會看到我有多麼行　**編碼：**

請於此處用膠水黏貼

商周出版

讀者回函卡

線上版讀者回函卡

感謝您購買我們出版的書籍！請費心填寫此回函卡，我們將不定期寄上城邦集團最新的出版訊息。

姓名：＿＿＿＿＿＿＿＿＿＿＿＿＿＿＿＿＿＿＿ 性別：☐男 ☐女

生日：西元＿＿＿＿＿＿年＿＿＿＿＿＿月＿＿＿＿＿＿日

地址：＿＿＿＿＿＿＿＿＿＿＿＿＿＿＿＿＿＿＿＿＿＿＿＿

聯絡電話：＿＿＿＿＿＿＿＿＿＿＿＿ 傳真：＿＿＿＿＿＿＿＿＿＿

E-mail ：

學歷：☐ 1. 小學 ☐ 2. 國中 ☐ 3. 高中 ☐ 4. 大學 ☐ 5. 研究所以上

職業：☐ 1. 學生 ☐ 2. 軍公教 ☐ 3. 服務 ☐ 4. 金融 ☐ 5. 製造 ☐ 6. 資訊

☐ 7. 傳播 ☐ 8. 自由業 ☐ 9. 農漁牧 ☐ 10. 家管 ☐ 11. 退休

☐ 12. 其他＿＿＿＿＿＿＿＿＿＿＿＿＿＿＿＿＿＿＿＿

您從何種方式得知本書消息？

☐ 1. 書店 ☐ 2. 網路 ☐ 3. 報紙 ☐ 4. 雜誌 ☐ 5. 廣播 ☐ 6. 電視

☐ 7. 親友推薦 ☐ 8. 其他＿＿＿＿＿＿＿＿＿＿＿＿＿＿＿

您通常以何種方式購書？

☐ 1. 書店 ☐ 2. 網路 ☐ 3. 傳真訂購 ☐ 4. 郵局劃撥 ☐ 5. 其他＿＿＿＿

您喜歡閱讀那些類別的書籍？

☐ 1. 財經商業 ☐ 2. 自然科學 ☐ 3. 歷史 ☐ 4. 法律 ☐ 5. 文學

☐ 6. 休閒旅遊 ☐ 7. 小說 ☐ 8. 人物傳記 ☐ 9. 生活、勵志 ☐ 10. 其他

對我們的建議：＿＿＿＿＿＿＿＿＿＿＿＿＿＿＿＿＿＿＿＿＿＿

＿＿＿＿＿＿＿＿＿＿＿＿＿＿＿＿＿＿＿＿＿＿＿＿＿＿＿＿

＿＿＿＿＿＿＿＿＿＿＿＿＿＿＿＿＿＿＿＿＿＿＿＿＿＿＿＿

【為提供訂購、行銷、客戶管理或其他合於營業登記項目或章程所定業務之目的，城邦出版人集團（即英屬蓋曼群島商家庭傳媒（股）公司城邦分公司、城邦文化事業（股）公司），於本集團之營運期間及地區內，將以電郵、傳真、電話、簡訊、郵寄或其他公告方式利用您提供之資料（資料類別：C001、C002、C003、C011 等）。利用對象除本集團外，亦可能包括相關服務的協力機構。如您有依個資法第三條或其他需服務之處，得致電本公司客服中心電話 02-25007718 請求協助。相關資料如為非必要項目，不提供亦不影響您的權益。】

1.C001 辨識個人者：如消費者之姓名、地址、電話、電子郵件等資訊。

2.C002 辨識財務者：如信用卡或轉帳帳戶資訊。

3.C003 政府資料中之辨識者：如身分證字號或護照號碼（外國人）。

4.C011 個人描述：如性別、國籍、出生年月日。

請於此處用膠水黏貼